中国公共农业科研资源配置及绩效评价研究

陈晓琳　著

武汉大学出版社

图书在版编目(CIP)数据

中国公共农业科研资源配置及绩效评价研究/陈晓琳著.—武汉：
武汉大学出版社,2024.12
ISBN 978-7-307-24276-0

Ⅰ.中…　Ⅱ.陈…　Ⅲ.①农业科学—科研管理—资源配置—中国
②农业科学—科研管理—经济绩效—经济评价—中国　Ⅳ.S-36

中国国家版本馆 CIP 数据核字(2024)第 036606 号

责任编辑:陈　红　　　责任校对:汪欣怡　　　版式设计:马　佳

出版发行: **武汉大学出版社**　　（430072　武昌　珞珈山）
　　　　　　（电子邮箱:cbs22@ whu.edu.cn　网址：www.wdp.com.cn）
印刷:湖北云景数字印刷有限公司
开本:720×1000　　1/16　　印张:10　　字数:162 千字　　插页:1
版次:2024 年 12 月第 1 版　　2024 年 12 月第 1 次印刷
ISBN 978-7-307-24276-0　　　定价:48.00 元

前　言

　　农业科研是一种特殊的公共产品，甚至是一种"全球公共产品"。中国是农业大国，自"科学技术是第一生产力"被提出后，国家对科技的重视程度越来越高。21世纪以来，"三农"问题成为政府和社会关注的焦点，农业科研也乘着这春风，其研究环境与条件得到较大改善，但与发达国家相比，甚至与国内科研投资整体水平相比，农业科研资源还非常短缺。因此，如何提高有限的农业科研资源的效率和效益成为国家相关管理部门、农业企事业单位、农业科研机构关注的重要问题。

　　20世纪80年代，西方发达国家掀起的"新公共管理运动"直接指向公共部门和公共服务质量差、低效率、低效能等问题，提出要通过分权、绩效评价和公共服务市场化提高公共资源的利用效率、改善工作效能，该运动在西方发达国家公共行政改革领域成功实践、推广。"新公共管理运动"提出的问题在中国当前公共行政领域业已显现。近年来发生的科研腐败和学术造假案件，将原本已处于舆论热点的科研工作推向风口浪尖，农业科研也不例外。农业科研投入效率和效益等问题成为社会和舆论关注的重点，农业科研财政投入的"马太效应"、资源配置中的权力腐败、管理体制中的漏洞、科研与生产供需脱节等问题成为热点议题。建立和完善农业科研绩效评价长效机制，将公共农业科研投入置于公众监督之下，是对公民和舆论关注的及时回应。与此同时，中国政府也在深入推进国家行政体制改革，包括建立和完善公共部门和公共投入绩效评价机制。

　　农业科研对促进农业可持续稳定发展，确保农产品有效供给发挥了重要作用，农业科技进步贡献率逐年提高。根据原农业部公布的数据，"十一五"末农业科技进步贡献率达到52%，"十三五"时期突破了60%。但是也有研究指出，"广义的农业科技进步贡献率高估了中国农业科研的贡献，1965—1993 年中国农业科研投入对农业经济发展的贡献仅占 20%，并呈逐渐下降趋势"（Fan and Pardey，1997）。2004 年以来，中共中央国务院连续 21 年的一号文件聚焦"三农"，尤其是 2012 年印发《关于加快推进农业科技创新持续增强农产品供给保障能力的若干意见》专题聚焦农业科技，文件除了指明农业科技未来的方向和重点外，还有两个提法值得关注：一是首次提出农业科技"具有显著的公共性、基础性、社会性"（以下简称"三性"）；二是将农业科技创新提升到"是加快建设现代农业的决定力量"的新高度，并提出要从体制改革突破。

2015 年，原农业部发布《关于深化农业科技体制机制改革　加快实施创新驱动发展战略的意见》，提出"构建适应产出高效、产品安全、资源节约、环境友好农业发展要求的技术体系，提升农业科技创新能力，为中国特色农业现代化建设提供强有力的科技支撑"。2019 年科技部印发《创新驱动乡村振兴发展专项规划（2018—2022 年）》，提出"把农业科技创新摆在国家科技创新全局更加突出的位置，依靠创新驱动乡村振兴"。2021 年农业农村部印发《关于深化农业科研机构创新与服务绩效评价改革的指导意见》，提出构建以技术研发创新度、产业需求关联度、产业发展贡献度为导向的分类评价制度，加快高水平农业科技自立自强，为全面推进乡村振兴、加快农业农村现代化提供强有力支撑。构建科学合理的农业科研绩效评估体制已成为深入推进农业科研体制改革，加快实现农业现代化的前置性问题，是中国正在推进的公共行政改革的必然要求。

党的二十大报告第五部分"实施科教兴国战略，强化现代化建设人才支撑"首次将教育、科技、人才并提并专章论述，既指明了科技工作的努力方向，又指出了当前科技工作存在的问题。"完善党中央对科技工作统一领导的体制，健全新型举国体制，强化国家战略科技力量，优化配置创新资源，优化国家科研机构、高水平研究型大学、科技领军企业定位和布局"强调了科研的基础性和公共性，同时也表明科研资源配置不够合理；"深化科技体制改革，深化科技评价改革"指出了当前科研工作存在体制障碍，评价体系尚不合理；"坚持面向世界科技前沿、面向经济主战场、面向国家重大需求""提升科技投入效能，深化财政科技经费分配使用机制改革，激发创新活力""提高科技成果转化和产业化水平"等指出了科技活动实效性差、科技活动服务经济能力弱。绩效考核评价是风向标、指挥棒，以上问题都可以通过也必须通过科学的评价标准和评价体制逐步引导，并予以解决。

　　回顾历史，改革开放以来，农业科研体制先后进行了三次大调整，农业科研投入快速增长，农业科研经费投入政策、农业科研管理机制发生了较大变化。新一轮改革在即，对近几十年的改革成效进行客观评价，审视近年来农业科研投入对农业经济的贡献、作用机制，国家农业科研资源配置效率，公共农业科研机构科研工作绩效及其政策环境影响等，可为改革提供重要参考依据。

目　　录

1　农业科研与农业科研绩效：内涵与研究回顾

1992 年以来，中国特色社会主义市场经济体制逐渐建立和完善，但在公共产品供给领域存在较大争议。对于公共产品供给，政府应该管什么，市场应解决什么问题，需要从公共产品理论出发进行界定。农业科研作为特殊公共产品，现代公共管理理论为其绩效评价提供了理论依据和方法。

1.1　农业科研：公共产品与公共产品供给

1.1.1　农业科研：一种公共产品

联合国、世界银行等国际组织指出，农业科研日益成为"全球公共产品"（global public goods，GPGs）。联合国开发计划署（UNDP）委托 Kaul 等人先后多次就该主题进行研究，世界银行 2004 年发布了两个有关 GPGs 的出版物。在 2000 年 10 月召开的国际农业研究磋商组织（CGIAR）会议上，该问题被提及并讨论。

Khanna 等（1994）认为农业科研部分属于纯公共产品，部分属于公共和私立联合生产品。Nadiri（1996）研究表明 R&D 外部性可以解释全要素生产率增长的 50%。Dalrymple（2008）认为，公共部门和私立部门从事的农业科研都有较强的公共产品特征，只是程度不同而已，但全社会对农业科研公共性的关注不够。他还认为 CGIAR 发展近 40 年来，在开展农业科学研究、帮助发展中国家提高农业技术和农业政策方面发挥了重要作用，但是近年来国际组织对 CGIAR 的投资却越来越紧、越来越严格，这一现状急需改变。

在中国，农业科研的公共性问题本不是问题，但随着市场经济体制改革的推进，20 世纪 80 年代以来，"由政府投资、对国家负责" 的科教体制朝 "鼓励面向市场创收" 的半市场化方向转变，以致在 20 世纪 90 年代末引发了社会上关于 "教育与科技是否应该市场化产业化" 的激烈讨论。这场讨论凸显了民众对教育科技市场化的担忧，大部分学者还是认为：农业科研具有强烈的公共性，国家始终应该是投资主体。如黄季焜（2000）指出农业生产具有规模小、风险大、市场化程度低，还承载着社会稳定与安全的重任等特点，而农业技术在不同程度上具有公共产品特性，国家应是农业科研投入主体。翟勇等（2007）对中国公益性农业科研的组织机构和管理体制进行了纵向的进展分析和横向的国内外比较，分析了公益性农业科研的现状和问题，指出在中国科技体制改革中农业科技的公益性没有得到相应重视和对待。

2012 年中央提出农业科技 "三性" 后，相关讨论减少，一些媒体对其有过一些讨论。近几年来，有少数学者讨论了农业科研 "三性" 及其实现方式。王文强（2017）重申公共性是高校科学研究的核心价值，这种公共性本为内生性、自我实现的公共性，但却逐渐向外生性、依赖型公共性转变，他认为这是高校科研功利化与行政化的主要原因，呼吁高校科研公共性价值的回归。邓享棋（2022）认为农业科技存在 "高风险、低效益和公益性特征"，农业科技供给以政府为主是客观事实，但农业龙头企业才是创新主体。楚德江（2022）认为农业绿色技术具有更强的公共品属性，指出农业绿色技术创新缺乏研发激励、运行管理失效和公共资源投入不足。楚德江讨论的是农业科研公共性体现不足的问题；王文强、邓享棋讨论的实际上是农业科研公共性实现方式问题，突出的是怎样才能提升农业科研公共投入的效率。事实上，公平和效率是公共产品供给必须兼顾的，公共供给无疑能更凸显公平性，但同时公共供给的效率问题正成为纳税人关注的焦点，也是政府公共财政支出关注的焦点之一。

1.1.2 农业科研的准公共产品属性

根据公共经济学理论，社会产品可分为公共产品和私人产品。公共产品具有非排他性、非竞争性、公共性和外部性等四个性质，其中公共性和外部性是充分条件，非排他性和非竞争性是必要条件。私人产品是指可以由个别消费者所占有和享用，具有竞争性、排他性和可分性的产品。介于二者之间的为准公共产品。农业科研具有明显的准公共产品属性。

第一，显著的外部性。农业科研外部性一方面源自科学研究的外部性，另一方面源自农业生产的特点。农业科研成果大多要运用到农业生产活动中，而农业生产活动主要是一种开放性活动，在自然环境中的技术方法非常容易溢出。虽然商标法和商业机密法适用于农业品种，但是这也不能避免农业生产中的仿制、自我复制，农户可以留下种子供自己来年使用，也可以分享或卖给其他农户，都不构成对新品种的法律侵权。Alston（2002）研究了美国农业科研的溢出效应问题，指出农业科学研究成果的溢出效应对于农业经济发展特别重要。他以美国为例，采用对数模型实证分析了各州科研投入、联邦科研投入与各州农业生产力的关系，结果表明，平均各州每 100 美元研究支出的边际收益是 26.67 美元，而对其他 47 个州的溢出效应是 24.70 美元，总的社会效应为 51.37 美元；联邦政府农业科研投入每 100 美元的边际收益是 77.12 美元。张俊飚、罗小峰团队（2016，2020）对农业科研的空间溢出效应有持续研究，他们的实证结果表明农业 R&D 投入对农业经济增长的直接效应、溢出效应和总效应均显著为正，且溢出效应大于直接效应。可见，农业科研投入的溢出效应非常明显，农业科研具有显著的外部性，国家农业科研投入的边际效益比地方性投入的边际效益高。

第二，特殊的公共性。农业科研之所以被列入"全球公共产品"，是因为农业是第一产业，也是基础性产业，关乎人类生存、粮食安全、环境生态，是一个世界性的公共问题，需要共同解决。农业是中国国民经济的基础产业，"三农"问题关乎国家和社会的稳定与发展，其公共性不言而喻。改革开放以来，中央及相关部委先后三次对农业科学研究的性质做了明确规定。1987 年原国家科委、财政部印发《关于科学事业费管理的暂行规定》（2016 年废止），提出对科学事业费实行分类管理，文件指出"从事农业科学研究的科研单位属于社会公益事业""原则上实行经费包干制"，即在改革中承认农业科研具有公益性事业的地位；2006 年财政部、科技部设立中央财政专项——"公益性行业科研专项"，农业作为重点和优先行业被纳入；2012 年，中共中央国务院印发《关于加快推进农业科技创新持续增强农产品供给保障能力的若干意见》，首次明确提出农业科技"具有显著的公共性、基础性和社会性"，对农业科研明确定性。

第三，较强的非排他性和非竞争性。受益的非排他性指任何人消费公共产品不排除他人消费，消费的非竞争性指边际生产成本为零，边际拥挤成本为零。农业科研成果与其他科研成果一样，绝大部分是免费开放的，尤其是科研论文、专著，不仅没有使用竞争，而且还积极创造条件，鼓励大家相互学习、交流和借鉴。绝大部分农业科技成果或技术一旦被提出来，就很难排除任何人对它们的不付代价的消费，从技术层面加以排除几乎不可能或排除成本很高。对于一篇农业科研论文和一项农业技术专利，增加一个消费者并不会增加供给的边际成本，而且消费者之间互不影响他人的消费数量和质量，因此其边际成本为零，边际拥挤成本为零。当然，也有部分应用性较强、技术含量较高的农业科研成果（主要是企业研发的）从盈利角度讲具有使用的排他性和竞争性。

许多学者在研究市场化背景下农业科研知识产权保护难、农业科研回报率低等问题，但尚未得到较好解决。其原因就在于农业科研的公共产品属性，农业科研活动需要按照公共产品相关管理理论和方法来管理。

1.1.3 农业科研公共供给

什么样的农业科研产品应由公共供给？什么样的农业科研产品应该调动私人供给的积极性？按照一般公共管理理论，公共产品由公共供给，非公共产品则由私人供给。有人提出科学比技术更容易溢出，因此纯科学研究应作为公益性研究，而技术研发可以市场化。Khanna 等（1994）认为农业科研不能简单地分为公共或私有，除了纯公共产品，其他至少是联合生产品。Dalrymple（2008）认为，公共产品并不意味着不能由私人提供，公益性组织和私人厂商也是农业科研的重要供给者。

理论上，一个良好的农业科研系统需要公共和私人两种不同组织的平衡与交流，以维持经济创新和经济增长。根据研究的规模经济程度和溢出效应高低，可以对不同农业科研活动的供给主体进行大致划分：规模经济程度高、溢出效应大的农业科研应该主要由国家层面供给，如化学、生物学、分子、基因等相关农业基础研究；规模经济程度较低、溢出效应较低的农业科研可以主要由私人厂商供给，如作物生产和资源管理等；处于中间水平的则应主要由地方政府、非营利性组织供给，如植物育种、畜牧繁育、区域性农业经济、农业科学研究方法等。政府购买服务也是公共供给的一种实现方式，如美国农业部自成立以来就坚持免费为农户提供种子。

目前，政府仍是各国农业科研投入的主体，农业科研是各国公共供给的重要组成部分。大部分农业科学研究周期长、成本高、外溢性强，投资风险大，私人一般不愿意也没有能力承担，农业科技投入就成了政府责无旁贷的职责。随着市场经济体制的完善，发达国家私人投资农业科研的比重越来越大，但政府仍然是各国农业科研投入的主体，尤其在农业基础研究和应用基础研究方面。2007 年美国农业 R&D 支出中政府财政支持占 47.1%，远高于全国 R&D 中政府 6.7% 的支出率；美国农业研究公共部门经费绝大部分来自政府，联邦所属农业科研机构经费收入中政府经费占 96.8%，州属农业科研组织中政府资金占 78.2%。根据《中国科技统计年鉴》《高等学校科技统计资料汇编》，2020 年全国农业科学研究与开发机构内部支出中政府资金占 86.09%；全国农林院校科研活动收入中政府资金占 79.30%，远远高于全国 19.78% 的比例。

1.1.4 公共农业科研机构

虽然全球不同国家农业科研体系有差异，但总体而言一般由三部分构成，一是政府设立的农业科研机构，直接负责农业科技研发、推广和管理，与农业部门紧密合作，以实现国家农业发展战略目标；二是大学和科研院所，通常负责基础研究和技术创新，为国家的农业产业提供前沿科技支持；三是农业企业集团牵头，投入大量资源用于农业科研和科技创新，目标是直接提高农产品质量和产量。

政府设立的科研机构和大学，一般是农业科研公共供给的主要提供者。美国公共农业科研机构主要包括三部分，美国农业研究局（ARS）、56 个州农业试验站以及公立州立大学农学院，其中农业部下属的 ARS 包括一个国家研究中心、东北、东南、中西部、西部 4 个区域研究中心和 90 多个农业实验站，拥有研究人员 80000 余人，州试验站与州立大学农学院联系非常紧密。法国共有各类农业大学 30 多所，而政府所属农业科研机构只有法国农业科学研究院

（INRA），隶属农业部和研究技术部，下设 14 个研究部、21 个研究中心，分专业设置了 405 个研究所，遍布全国。俄罗斯公共农业科研机构包括农业部所属的俄罗斯农业科学院、各地区的农业科学院以及高等农业院校和俄罗斯科学院。印度公共农业科研系统由国家农业研究委员会（ICAR）、60 多个地区级农业科研机构、1 所中央农业大学和 37 所邦级农业大学组成。可见，虽然各国农业科研管理归属有差异，但公共农业研究机构一般都由国家级研究机构、地方研究所和高校三类组成。

农业科研院所和农林院校是中国农业科研公共供给的提供者，这里把它们称为公共农业科研机构。中国现行的农业科研机构体系脱胎于苏联，与俄罗斯和印度的体系更加相似。1949 年以来经过多次科技体制改革，基本确立了"科研院（所）+高校""中央+地方"两级两类农业科技系统。其中，中央所属科研院所及高校主要负责解决国家全局性、方向性、关键性的农业科研问题，进行基础研究、高技术研究等基础性、公益性研究，而地方科研院所主要从事应用性研究、成果转化、技术开发等工作。

中国农业农村部辖有 3 个单位，即中国农业科学院、中国热带农业研究院和中国水产科学研究院。其中，中国农业科学院拥有 34 个直属研究所，现有从业人员 11171 人，专业技术人员 6167 人；中国热带农业研究院设有 14 个科研机构，分布在海南、广东"两省六市"，在职职工 3600 多人，拥有科技人员 2000 人；中国水产科学研究院下设 14 个院部、研究所、实验站，在职科技人员约 2000 人。另有省属农业科研机构约 500 个。现有农业高校（普通本科）86 所，其中本科 41 所，还有若干 20 世纪 90 年代后改名、合并或被合并的涉农综合性大学，如浙江大学、西南大学、长江大学、塔里木大学、石河子大学、扬州大学、吉林大学等，这些涉农综合性大学在农业科研系统中也占有重要地位。

在中国，农业科研院所和农林院校分属不同部门管理，农业科研院所由农业农村部及省区市农业农村厅（局）管理，农林院校由教育部（厅、局）管理，而二者的科研工作又归属于科技部（厅、局）管理，这种管理现状既是本研究要讨论的问题，也给本研究实证分析带来困难。

1.2 农业科研绩效：新公共管理的热点与难点

1.2.1 绩效评价与新公共管理

绩效评价在公共和非营利部门管理中有重要意义。早在 20 世纪 40 年代，美国国际城市管理协会就创办了一种刊物专门考评市政活动；肯尼迪执政时期，系统的绩效考评分析过程被引入联邦政府国防部；之后，联邦许多部门和州政府对绩效考核表现出了浓厚的兴趣，并尝试使用，如俄亥俄州、南卡罗来纳州、亚利桑那州等（波伊斯特，2005）。但绩效评价被广泛重视和应用得益于 20 世纪 80 年代以来掀起的公共管理运动。20 世纪 80 年代，针对西方国家出现的公共管理危机，包括政府机构臃肿、财政赤字、管理效率低下、行政腐败、对公民和社会需求回应不足、服务质量差等问题，以英国为先锋，西方国家政府掀起了"新公共管理运动"。其主要的举措包括：推进公共服务市场化、"为质量而竞争"、实行绩效管理和产出控制、改革财政拨款制度等。

面对这场全球范围的公共管理改革，许多学者提出自己的理论和概念试图概括改革和理论的实质，最终大家逐渐接受了胡德所提出的"新公共管理"这一概念。根据胡德的概括，新公共管理理论主要有 7 个方面的内容：公共决策领域的专业化管理；明确的绩效规范和绩效评估；强调产出控制，实行绩效导向的资源配置；集权转向分权化；引入竞争机制，提高质量；借鉴私人部门成功的管理方法；资源使用强调纪律和节约。根据经济合作与发展组织（1991）的概括，公共部门改革有两条途径，即提高组织的生产绩效和充分利用私营部门。霍尔姆斯与桑德（1995）这样概括新的管理方法的特征：新公共管理是一种更具战略性和结果导向的决策方法，其结果包括效率、效能和服务质量等；以分权化的管理环境代替高度集权的等级组织结构，使资源分配与服务提供更接近于服务一线；强调权力与责任的一致性是改进绩效的关键；在公共部门内部、部门之间创造一个竞争的环境；管理与行政分开，强化管理中心"驾驭"政府的战略能力，以便对外部变化和不同利益诉求作出迅速、灵活、低成本的反应；通过绩效报告督促达到更大透明度等；构建支持和鼓励变革的预算与管理体系。1995 年 OECD 出版

《转变中的治理：OECD 国家的公共管理改革》，其观点与霍尔姆斯与桑德基本一致。

新公共管理是一个宽泛的概念，但通过绩效标准制定和绩效评价配合公共管理体制其他改革，既是当代公共管理的主要思想，也是各国"重塑政府"改革运动的通用做法。英国 1979 年启动了"雷纳评审"，推动以管理绩效评审为核心内容的政府改革；1983 年，英国开始推行"财政管理模式创新方案"，目的是树立公共行政和服务的成本意识，提高公共部门的效率，降低公共开支。1993 年《政府绩效与结果法案》的颁布是美国重塑政府改革运动的标志，克林顿政府大力推进政府绩效评价制度的发展，在政府改革中充分体现公共服务的顾客导向、绩效导向、战略导向和结果控制原则。新西兰通过引入绩效管理、产出控制等管理机制，重塑政府核心部门的管理机制。虽然各国改革模式和道路不同，但是对绩效评估的重视是一致的，正如 Behn 指出的"如何进行绩效考评的问题已经被确定为当代公共管理的三大问题之一"。此外，绩效评价也在非营利组织和公共事业机构中广泛应用，如医疗、卫生、教育等机构。政府部门面临的问题在非营利组织和公共事业机构中同样存在，尤其是公共事业机构，其资金主要来源于政府，归属政府部门管理，与政府机构绩效考核的标准和过程非常相似，即强调工作效果、操作效率和服务质量等，公共农业科研机构就属于这类公共事业机构。

"新公共管理运动"不仅是公共管理改革的一种可操作的范式，更重要的是它对公共部门职能、目标和管理手段的再认识与定位。政府是有限政府，公共部门的重点工作应放在提供足够的公共投资，合理配置、把握公共产品或服务的战略方向，控制公共服务质量；提高公共投资效率等方面。其实现方法可以多元化，公共服务过程中也可以有竞争机制存在，而且适当的市场竞争机制有利于提高公共服务效率。绩效评价是公共服务过程和结果控制的有效方法，这一思想对当前中国农业科研管理具有重要指导意义。

1.2.2 农业科研及其价值链

1. 农业科研

科研、科技和 R&D 是几个意义相近的概念。本研究选择"农业科研"来界定研究对象系基于政府统计口径、学术研究术语和业界习惯用语的综合考量。

"科技"是一个比"科研"范围更广、应用更普遍的概念。根据国家统计局的定义，科技活动是指"在科学技术领域中与科技知识的产生、发展、传播和应用密切相关的有组织的活动，科技活动可分为科学研究与试验发展（R&D）、科学研究与试验发展成果应用及相关的科技服务三类活动"，公共农业科研院所和农林高校科技活动主要属于第一类。

在研究界，一般把科技分为科学研究与技术推广两部分，把科技投入分为科学研究投入和技术推广投入，农业科研院所和农林高校科技活动主要集中在科学研究部分。Pardey 和 Alston 从活动内容角度将美国农业科技投入分为科研（research）投入和推广（extension）投入两部分；林毅夫（1991）从农业科技促成农业增长的过程出发，认为农业科技包括"农业科研、农业技术的采用、农业技术推广"三个环节；张立冬和姜长云（2007）认为农业科技投入包括农业科研的投入、农业科技成果转化的投入。不同农业科研机构均在不同程度上开展农业科研和农技推广活动，但主要还是履行科学研究之职。因此，业界不称"科研科技院所"而称"农业科研院所"，认为高校有"人才培养、科学研究、社会服务"等功能。

科研活动与 R&D 活动在很多情况下通用。R&D 常在官方统计中使用，是国际上通用的统计指标；农业科研院所和农林院校等业界一般自称"科研"。官方统计资料中，也出现科技、R&D 同时使用的情况，但是 R&D 常与支出结合使用。为了体现数据真实性，本研究后续章节有时也会使用科技活动、R&D 等概念。

2. 农业科研价值链

国家重视并大力支持农业科研工作，目的是通过农业科研促进农业科技创新和农业经济发展，这是农业科研活动的价值所在。农业科研投入作用于农业经济发展，其价值实现并非直接一步到位，而是一个价值链的实现过程。

价值链又名价值链分析、价值链模型，是由迈克尔·波特在 1985 年提出的。他指出企业的价值创造是通过一系列活动构成的，每个环节的活动都可以为最终产品或服务增加一定的价值，这些互不相同但又相互关联的生产经营活动，构成了一个创造价值的动态过程，即价值链。价值链存在于经济活动中，也存在于农业科研等社会活动中。

农业科研活动价值实现经历一系列活动环节，从人财物投入，到研究过程，到写出论文、专著、申请专利，到新技术研发、生产试验，再到生产中推广应用，各个环节都为农业科研活动增添了价值，构成农业科技创新价值链。

为了便于分析，本书把农业科研活动的典型价值链简化为图 1-1：

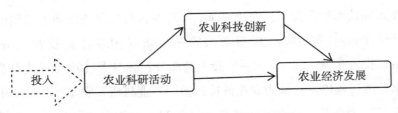

图 1-1　农业科研活动的典型价值链

农业科研活动从人财物要素投入到促进经济发展这个价值链的实现可分为两类：第一类是农业科研活动直接促进经济发展，比如一些新技术研发、田间试验环节，均可以直接影响农业生产过程，促进农业增收；第二类是分阶段实现价值，首先科研人员通过研究，把研究成果物化为论文、专著、技术专利等创新成果，然后通过其他研发和推广机构把论文、专著中的思想转化为生产技术，在农业生产活动中推广应用，从而实现科技创新价值。其中，第一类是次要的，第二类是主要的。

第二类价值链在实践上明显分为两个阶段，第一阶段是公共农业科研机构科研人员开展科研活动，进行科技创新的过程，这个过程直接产出论文、技术或专利，部分无效科研活动没有成果产出；第二阶段是研发推广机构将第一阶段的成果转化为技术进而推广技术，或者直接推广技术性成果，部分成果不能或未能转化为生产技术，成为无效成果。研究公共农业科研供给绩效宜分阶段讨论，以使研究结论更具建设性。

3. 农业科研投入与产出

在现有农业科研绩效评估实证研究中，评价指标大多采用政府部门发布的统计资料中的指标。常用投入指标有：教学与研究人员，研究与发展人员、科研经费收入（支出）、科研项目经费、高职称比例、固定资产总值、科研仪器设备总值、图书等；常用产出指标有：论文数量、专利申请（授权）数、专著、成果奖、技术转化收入等（李佳哲，胡咏梅，2018）。但现有政府部门公开发布的统计数据往往以投入产出的数量为主，体现投入产出质量的指标非常缺乏或者指标代表性不够好。譬如"高职称比例"是代表研究人员质量的指标，但由于不同高校职称评定标准不同，因此可比性差，被选择使用的并不多。个别学者尝试采用一些新的指标，如研究生数量（乔联宝，2015）、高水平论文数量（胡咏梅等，2014；苏为华等，2015）、论文他引频次（姜华，2015）等，体现了对科研投入产出质量的重视，但同时也进一步强化了数量，且这些指标统计难度较大。评价是风向标、指挥棒，在评价工作的科学性与工作量上，我们应该首选科学性，将评价的信度和效度置于首位。

按照全面系统、质量兼顾、典型简洁、切实可行等原则，在既有研究基础上，本研究从官方统计资料汇编以及一些权威数据平台上遴选了 11 个投入指标和 11 个产出指标，采用专家调查法（也称德尔菲法）征求专家对指标重要性和可靠性的意见，经过三轮调查与反馈，确定了农业科研绩效评价投入产出代表性指标。

11 个投入指标中，综合专家观点、实测数据分析表明：①科技活动人员、研究与发展人员、研究与发展全时人员、研究生规模等 4 个代表科研人力资源数量的指标中，鉴于科教融合是高校科研工作与企业研发机构的本质区别，高校中几乎所有的教师都在从事科研工作，所有研究员都在直接或间接育人，很难判断一名教师有多少时间花在教学上，多少时间在科研上；实际统计报表中，研究与发展人员及其全时量在高校统计报表中是一个非常模糊的估计量，因此研究与发展人员及其全时量不宜作为指标；研究生正成为高校科研的生力军，2020 年全国农科研究生 145457 人，是农林高校教学与研究人员（62302 人）的两倍多，是高校科研工作不能忽视的投入要素。②副高职称比例、博士比例、生源质量等 3 个表示科研人员质量的指标中，博士比例被认为是代表教师研究能力的最好指标；生源质量代表了一个学校的声誉，而声誉主要源自学校的学科势力，因此专家认为生源质量能较好地代表一所学校的研究水平；副高职称比例相对而言并非一个好的指标，因为不同高校职称评定条件不同，副高职称比例的可比性较差。③科研经费总收入、财政拨款2个代表经费的指标中，两者代表性均可，但实际数据分析表明随着我国高等教育体制改革推进，科研投入渠道多元，财政拨款在科研经费中占比逐步下降，科研经费总收入指标更为合适。④科研固定资产总值、科研仪器设备总值2个表示物力投入的指标中，科研固定资产总值更能全面代表物力资源存量。最后，剔除研究与发展人员、研究与发展全时人员、副高职称比例、财政拨款、科研仪器设备总值等5个指标，保留教学与科研人员、研究生规模、科研人员质量（博士比例或生源质量）、科研经费总收入、科研固定资产总值等5个投入指标。

11个产出指标中，专家认为：①研究生规模、学生质量2个代表人才培养的指标中，研究生规模既可以作为投入指标也可以作为产出指标，但相比作为投入指标更加合适；学生质量可以通过研发成果来表示，不必重复，因为无论论文还是专利多为师生共同成果。②学术论文篇数、专著、专利申请数、专利授权数4个表示研发成果数量的指标中，专著数量不多且为长期积累结果，与已发表论文往往有较大重复，从简洁性角度可摒弃；专利申请到授权有较长时间，专利申请数更有时效性。③科研成果奖、论文他引频次、被采纳研究与咨询报告数3个表示研究成果质量的指标中，国家三大科技成果奖数量很少，不具备正态分布的特征，再者它是相对长时间科研成果的积累，不宜作为短期绩效评价的指标；被采纳研究与咨询报告数指标意义不大。④社会服务收益、横向课题收入2个代表社会服务效果的指标都比较重要，二者计量单位相同，建议合并，合并后的指标暂统称为"社会服务收益"。因此，剔除研究生规模、学生质量、专著、专利授权数、国家三大科技成果奖、被采纳研究与咨询报告数等6个产出指标；合并保留出版物数量、专利申请数、出版物质量（论文他引频次）、社会服务收益等4个产出指标。

本研究认为，农业科研投入指标可包括科技活动人员、研究生规模、科研人员质量（如博士比例、生源质量）、科研经费总收入、科研固定资产总值等，既涵盖了人财物，也兼顾质与量；产出指标可包括出版物数量（如学术论文篇数、专利申请数）、出版物质量（如论文他引频次）、社会服务收益等，既体现了质与量并重，又兼顾了理论性成果和应用性成果。其中，本研究突破统计资料汇编指标的局限，首次将生源质量、论文他引频次 2 个分别代表投入产出质量的指标应用于研究农业科研绩效问题。

1.2.3 农业科研绩效评价

效率和绩效是两个意义相近的概念。效率强调用尽可能少的资源获得高的产出，在研究和实践中也有一些固定搭配概念，比如资源配置效率，数据包络分析中的技术效率、纯技术效率和规模效率。绩效强调有效果、有效率地使用组织资源实现组织目标，因此绩效是一个比效率更宽泛的概念。本研究对象为农业科研系统和农业科研机构的绩效。

1. 农业科研绩效

绩效是管理学中的一个概念。在管理学领域的理论和实践中，"绩效"的基本含义是"成绩和效果"，可以定义为"个人、团队或组织从事一种活动所获取的成绩和效果"，分为个人绩效、团队绩效和组织绩效。用在经济管理活动领域，主要是指社会经济管理活动的结果和成效；用在人力资源管理领域，主要是指主体行为或者结果的投入产出比；用在公共部门或非营利组织领域，则是一个包含多元目标实现的概念。

从工作性质与服务对象角度来看，公共部门和非营利组织绩效评价可以分为如下几类：一是服务导向绩效评价，以顾客为导向，重点对提供产品和服务的质量和效果进行评价；二是财务导向绩效评价，主要对成本、收入和资产利用、产值增长等进行评价；三是社会福利导向绩效评价，主要以公共部门活动为区域或全社会提供的社会福利等为主要评价标准；四是运作绩效，主要对公共部门或非营利组织运作管理和服务的效率和效益进行评价。不同类型的公共部门和非营利组织的目标任务与活动方式不同，适合不同类型的绩效评价。

作为特殊的公共产品，农业科研工作具有一定的生产性，本研究从运作绩效角度来定义农业科研绩效。本研究中农业科研绩效特指公共农业科研资源投入的经济效益和公共农业科研资源的配置效率，表现为农业科研投入产出效率，农业科研对农业经济发展需求的回应和促进作用，农业科研资源在不同机构中的配置效率，以及公共农业科研机构的科研工作绩效等。

2. 农业科研绩效评价

中国农业科研投入主体为政府，实施主体为研究院所、高校等事业单位，在这个背景下来探讨农业科研绩效评价问题，需要考虑农业科研本身的性质与特点，注意把握评价目标的一致性与多维性，成果与效益的阶段性以及投入产出的动态一致性。

①目标一致性。绩效是一个与目标任务紧密关联的概念，政府投资农业科研是要通过科学研究促进农业科技创新，提高农业生产力和农业总产值，促进农业经济发展。若脱离整体目标来讨论农业科研投入与产出问题，则容易导致价值偏移。理论上，农业科研活动投资与农业科研机构或个人活动目标一致，而实践中却往往存在一定偏差。政府投资农业科研的终极目标是指向农业生产力提高，而农业科研机构和个人科研工作目标是直接指向论文、专利、成果奖等科研成果，对农业科研成果的创新价值、实用价值、推广价值等往往考虑较少，导致目标错位或终极目标达成度有限。

②目标多维性。农业科研投入与产出均表现出多维性，是一种多投入多产出的活动。尤其在产出方面，不仅表现为论文、专著、专利等形式，还表现为农业经济服务行为与效果，以及农业科技与生产相关人才培养数量与质量等，因此农业科研成果不能以价格形式表现，也很难用成本、满意度等政府服务性工作质量指标来衡量。在公共资源非常有限的条件下，成本与效率、资源配置公平性等却是必须考虑的问题，包括农业科研机构"投入-产出"之比，政府资源配置公平性，政府资源配置是否遵循帕累托最优等。同时，农业科研进行科技知识生产，在一定程度上是一种虚拟产品或中间产品，其本身的价值需要实践检验，因此需要对公共农业科研成果对农业经济的贡献进行评价，对农业科研是否有效回应了经济社会的需求进行评价。

③成果与效益的阶段性。农业科研效果显现出较强滞后性，农业科研投入通过农业科研机构及科研工作者转化为论文、专著、专利、技术等农业科研成果，进而通过农业推广、培训、技术溢出等为农户接受使用，转化为现实生产力，促进生产力提升、产量增加，促进经济增长。因而，农业科研绩效表现可以分为两个阶段，第一阶段是农业科研投入到产出阶段，实施主体是农业科研单位，可称

之为知识创新阶段；第二阶段是农业科研成果转化为生产力阶段，实施主体有农业科研单位也有农业技术推广机构，但主要是农业技术推广机构，可称之为成果转化阶段。即使只研究第一阶段的投入产出绩效，也必须考虑第二阶段的效果，否则评价将有失偏颇，因为农业科研投入—知识创新—农业经济发展是一个完整的创新价值链。

④投入产出的动态一致性。绩效评价考察的是一定时期投入与该投入对应的产出及效益之间的关系，因而农业科研绩效评价应考虑投入产出的动态一致性。考虑到农业科研的滞后性，一般地，A 期投入成果可能表现在 A、B、C 期，乃至更长时期，A 期投入对应的产出一般为当期和滞后若干期的函数。因此，不能用 A 期农业科研投入与 A 期农业科研成果和农业产值来衡量 A 期农业科研绩效；也不宜用 A 期的农业科研水平来衡量 A 期农业科研绩效，因为某一点上的科研水平是长期积累的结果。滞后期的确定是农业科研绩效评价必须考虑的因素。

本章小结

农业科研具有明显的准公共产品属性，具有"全球公共产品"特点，财政拨款是各国农业科研资金的主要来源。各国的农业科研系统主要由各级政府所属的农业研究院所和农林院校构成，国家和省属农业科研院和农林高校是中国农业科研的主体，主要承担着全国农业基础研究、应用基础研究及部分成果和技术推广等职能。

绩效评价是新公共管理理论的主要思想，也是各国当代公共管理改革的主要举措。"新公共管理运动"为公共管理改革提供了可操作的范式，更重要的是它对公共部门职能、目标和管理手段进行了再认识与定位。政府是有限政府，公共部门的重点工作应放在提供足够的公共投资并合理配置、把握公共产品或服务的战略方向、控制公共服务质量、提高公共投资效率等方面，但其实现方法可以多元化，公共服务过程中也可以有市场竞争机制存在，而且适当的市场竞争机制有利于提高公共服务效率。绩效评价是公共服务过程和结果控制的有效方法。这一思想对当前中国农业科研管理具有重要指导意义。

公共农业科研活动分为科技创新和成果转化推广两个阶段，研究公共农业科研绩效宜分阶段讨论，以使研究结论更具建设性。现有农业科研绩效评估实证研究中，评价指标一般采用政府部门发布的统计资料中的指标，以投入产出的数量为主，体现投入产出质量的指标较为缺乏。本研究突破了统计资料汇编指标的局限，将研究生规模作为科研人员数量的补充，引入生源质量、论文他引频次两个指标分别代表投入产出质量的指标，提出理论性成果和应用性成果兼顾，数量与质量兼查的投入产出指标体系。

从运作绩效角度出发，本研究中农业科研绩效特指公共农业科研资源投入的经济效益和公共农业科研资源的配置效率，表现为农业科研投入产出效率，农业科研对农业经济发展需求的回应和促进作用，农业科研资源在不同机构中的配置效率，以及公共农业科研机构的科研工作绩效等。作为特殊的公共产品，农业科研具有一定的生产性，其绩效评价应注意目标的一致性与多维性、成果与效益的阶段性和投入产出的动态一致性。

2 中国公共农业科研体系发展概况

2.1 公共农业科研组织体系发展

中华人民共和国成立后,在坎坷的发展道路上,我国基本建立了有中国特色的农业科研体系,下面分四个阶段来分析中国农业科研体系的沿革与发展。

2.1.1 农业科研体系建立

1949—1984 年是新中国农业科研系统建立时期,中国农业科研经历了"初建—破坏—恢复"的过程。中华人民共和国成立后,国家全面接收国民党政府原农业科研单位,相继成立了一批专门的农业科研机构和农林院校,初步建立起新中国农业科研体系。"文化大革命"时期,新中国建立的农业科研体系被严重摧残,农业科研工作基本处于停滞状态,甚至倒退。所幸后期比较重视农业科研,国务院组织了全国农业科研协作攻关计划,取得了中国杂交水稻等重大突破性的农业科研成果。粉碎"四人帮"后,在中央"调整、改革、整顿、提高"的方针下,农业科研机构和农林院校得以恢复,农业科研工作者和农林院校教师的地位重新被确立,农业科研事业逐渐恢复并不断发展和完善,重新构建起以"两级三院多校"为特征的中国农业科研系统,即中央和地方两级管理的三大农业研究院和若干所农业高等院校。

农业研究院系统。1949 年,华北农业科学研究所成立;1952 年,东北、华北、华东、华中、华南、西南和西北等七大区设立农业科学研究所;1957 年,中国农业科学院成立,七大区农科所归其领导,次年又将七大区农科所划归省级政府管理；1964 年，华南热带植物研究院成立。1978 年恢复中国农科院、中国林科院，成立中国水产科学院。在中央"三院"之外，各省（市、自治区）相继成立了农业科学院，省辖的地区（市、州）也相继成立了农业科学研究所。

农林院校系统。1952 年发布的《全国高等学校院系调整计划（草案）》是新中国农林院校初建的标志。国家按照"集中合并"的方针对全国高校进行了调整，其中，综合性院校不再设置农科学科专业，高等农林院校成为独立设置的单科性院校，如原清华大学农学院、北京大学农学院、华北大学农学院合并，成立了北京农业大学。1949—1955 年，有 29 所农林院校相继成立，占全国高等院校的 15.93%；1985 年，全国农林院校达到 69 所，其中 13 所被列为全国重点高等学校，18 所农业高校主要归原农业部管理，其余的主要依托省市农业厅或教育厅管理（陈然，2008）。

该时期，农业科研与农林教育都主要由原农业部（原农林部、原农牧渔业部）管理，较好地实现了农科教融合。为推进农业科研，国家先后成立了农业科研协调委员会（1955 年）、原农业部科技局（1963 年）（后更名为科技司、科技委员会）等部门，对农业科研工作恢复与发展发挥了重要作用。中国农业科研体系沿革大事记（1949—1985 年）见表 2-1。

表 2-1　　　　　　中国农业科研体系沿革大事记（1949—1985 年）

年份	主 要 事 件
1952	分东北、华北、华东、华中、华南、西南和西北等七大区设立农业科学研究所
1952	发布《全国高等学校院系调整计划（草案）》，1949—1954 年，农林院校按照"集中合并"的方针进行调整，北京农业大学等 29 所农林院校相继成立
1955	农业科研协调委员会成立
1957	中国农业科学院成立，并领导七大区农业科学研究所
1958	七大区农业科学研究所归所在地的省政府领导
1960—1961	中国农科院 1/3 的所被撤销或下放农村，人员减少 70%
1963	原农业部科技局成立
1964	华南热带植物研究院成立

年份	主 要 事 件
1970—1972	取消中国农业科学院建制，大部分研究人员及研究所下放农村
1977	原农业部《关于加强农林科教工作和调整农业科学教育体制的报告》获批
1978	恢复中国农科院、中国林科院，成立中国水产科学院
1978	国务院转发教育部《关于恢复和办好全国重点高等学校的报告》，江西农业大学等8所大学新增为全国重点高等学校，农林院校中的重点高校达到13所
1982	原农业部科技局更名为科技司
1983	原农业部成立科技委员会
1985	启动农业科技体制改革

2.1.2　农业科技体制改革

1985—1998年是中国农业科技体制改革时期。1985年，中共中央颁布《关于科学技术体制改革的决定》，拉开了国家对初建的中国科技和教育体制的第一次重大全面改革的序幕，中国农业科研体制改革全面开展。1986年，原农牧渔业部公布《关于农业科技体制改革的若干意见（试行）》，此后连续多次召开会议就农业科技体制改革进行专题研讨；1988年，原农牧渔业部制定《关于进一步推动农业科技体制改革的若干规定》；1992年，原农业部发布《关于进一步加强科教兴农工作的决定》，1995年公布《关于加速农业科技进步的决定》。这一时期，农业科研体制改革主要表现为以下三个方面。

一是管理和经营模式改革。坚持稳中求放，逐步扩大了研究单位的自主权；突出了面向经济建设主战场多种形式的农业科研经营方式，农业科研工作引入市场竞争机制，以增强农业科研机构的自我发展能力。1992年原国家科委联合原国家体改委颁布《关于分流人才、调整结构，进一步深化科技体制改革的若干意见》，提出了"稳定一头，放开一片"的方针，大部分农业科研机构面向经济社会主战场，开始从事成果商品化、产业化活动，以弥补财政经费的不足，同时也基本形成了农业科研工作"研究、开发两条线"的格局。

　　二是以农林院校为主的机构调整。20 世纪 90 年代中后期掀起农林院校合并浪潮，并一直持续到 21 世纪初。至 2001 年，共有 12 所农林院校合并为 6 所农林院校，13 所农林院校并入综合性院校，农林院校减少为 49 所，教学与研究人员减少为 33963 人。合并的典型代表包括，1995 年北京农业工程大学与北京农业大学合并，组建了中国农业大学；1998 年浙江农业大学被并入浙江大学；1999 年上海农学院并入上海交通大学；1999 年西北林学院、西北农业大学、中国科学院水利部水土保持研究所、水利部西北水利科学研究所、陕西省农业科学院、陕西省西北植物研究所、陕西省林业科学研究院等 7 个单位合并组建西北农林科技大学。通过改名或合并，部分农林院校实现"离农"的转身，从实际效果看，这部分高校转身后，生存和发展环境有了较大改善，获得了快速发展，也为后一阶段农林院校综合化发展改革提供了依据。

　　三是重点发展战略。1995 年，中共中央国务院在《关于加速科学技术进步的决定》中首次提出了"科教兴国"战略，全国科教系统圈定一批"重点"对象进行重点支持。在农业科教系统，依托农业科研机构和高校在全国范围内建立了一批国家、原农业部重点实验室、农作物改良中心、工程技术中心等骨干研究机构；农林院校参与全国高校评选重点学科；中国农业大学和西北农林科技大学列入"985 工程"，华中农业大学、南京农业大学、北京林业大学、东北农业大学、四川农业大学等列入"211 工程"建设院校，这些学校在学科建设与科研经费上得到了较大额度资助，尤其是"985 工程"高校每年获得几亿到十几亿元的支持，在国家资源紧缺条件下，这种集中力量办大事的模式取得了一定成效。重点发展战略延续至今，一定程度上导致了后来农业科研资源分配的两极化。农业科研机构合并情况（1992—2007 年）见表 2-2。

表 2-2　　　　　　　　农业科研机构合并情况（1992—2007 年）

原机构	合并年份	合并情况
江苏农学院	1992	与扬州师范学院、扬州工学院、扬州医学院、江苏水利工程专科学校、江苏商业专科学校、国家税务总局扬州培训中心合并组建扬州大学

原机构	合并年份	合并情况
厦门水产学院	1994	与集美航海学院、福建体育学院、集美财经高等专科学校、集美师范专科学校组建集美大学
北京农业工程大学	1995	与北京农业大学合并组建中国农业大学
河北林学院	1995	并入河北农业大学
延边农学院	1996	与延边大学、延边医学院、延边师范高等专科学校、吉林艺术学院延边分院合并组建延边大学
石河子农学院	1996	与石河子医学院、新疆生产建设兵团经济专科学校、新疆生产建设兵团师范专科学校合并组建石河子大学
广西农学院	1997	并入广西大学
贵州农学院	1997	并入贵州大学
青海畜牧兽医学院	1997	并入青海大学
浙江农业大学	1998	与浙江大学、杭州大学、浙江医科大学合并组建浙江大学
内蒙古林学院	1999	与内蒙古农牧学院合并组建内蒙古农业大学
西北林学院	1999	与西北农业大学、中国科学院水利部水土保持研究所、水利部西北水利科学研究所、陕西省农业科学院、陕西省西北植物研究所、陕西省林业科学研究院合并组建西北农林科技大学
吉林林学院	1999	与吉林师范学院、吉林医学院、吉林电气化高等专科学校合并组建北华大学
上海农学院	1999	并入上海交通大学
福建林学院	2000	与福建农业大学合并组建福建农林大学
哲里木畜牧学院	2000	与内蒙古民族师范学院、内蒙古蒙医学院合并组建内蒙古民族大学
四川畜牧兽医学院	2001	并入原西南农业大学
宁夏农学院	2001	并入宁夏大学
西藏农牧学院	2001	并入西藏大学

原机构	合并年份	合并情况
湖北农学院	2003	与原江汉石油学院、原荆州师范学院、湖北省卫生职工医学院合并组建长江大学
西南农业大学	2005	与原西南师范大学合并组建西南大学
华南热带作物学院	2007	并入海南大学

2.1.3 农业科研系统重构

1999—2006年，在前期改革基础上中国农业科研系统进行了系统性大调整。1999年，农林院校从原农业部划归教育部管理，同时农林院校加入中国高等教育大众化进程之中，迎来本科生和研究生的扩招；中央启动新一轮科技体制改革，农业科研机构进行了"转企、转校、转非"的体制改革，开启了新一轮农业科研体系改革的新篇章。

1. "三院"改制

1999年，中共中央国务院颁布《关于加强技术创新、发展高科技、实现产业化的决定》，要求应用型科研机构实行企业化转制，农业科研机构开始了"转企、转校、转非"的新一轮体制改革。2000年国务院办公厅转发科技部等部门《关于深化科研机构管理体制改革的实施意见》，进一步明确科研机构实行分类改革，要求原国土资源部等部门所属公益类研究和应用开发并存的科研机构向企业化转制；2002年，根据科技部、财政部和中编办《关于农业部等九个部门所属科研机构改革方案的批复》，原农业部《关于直属科研机构管理体制改革的实施意见》公布了"三院"改革方案。

根据方案，"三院"所属66个研究所中有22个转为企业，11个定位为主要从事农业技术开发和农业技术服务；29个转为非营利性机构，4个转入大学，"三院"和定位为非营利性科研机构的编制占在职职工的39.7%。但根据原农业部《全国农业科技统计资料汇编》统计数据，与 1998 年相比，2003 年"三院"从业人员从 11264 人减少为 11029 人，减少了 2.09%。其中，科研活动人员减少 18.41%，科技管理人员增加 0.50%，课题活动人员减少 10.47%，生产经营活动人员增长 43.94%。可见，"三院"改革实质是机构内部结构调整，科研活动人员减少了，生产经营活动人员增加了，一定程度上可以说该轮改革弱化了农业科研本身。

2. 农林院校归属权变更与"扩招"

1999 年全国第三次教育工作会议召开，发布了《关于深化教育改革全面推进素质教育的决定》，农林院校管理体制发生了重大变革，原农业部直属农林院校转教育部和地方教育厅管理。这一变化深刻影响了中国高等农业教育发展，把高等农业教育带入快速发展道路，同时这也是农林院校人才培养、科研工作与农业生产"脱离"的开始。在扩招的同时，农林院校的师资力量迅速增加，研究生的规模也大幅提升。1998 年全国农学本科生 38325 人，研究生 2830 人。到 2012 年，全国农学本科生 120210 人，是 1998 年的 3.14 倍，研究生 21080 人，是 1998 年的 7.45 倍。

2.1.4 农业科研创新体系建立

2007—2020 年是农业科研创新体系建立期。2007 年印发的《国家农业科技创新体系建设方案》提出："力争到 2020 年，建成若干世界一流的农业科学研究中心和具有国际竞争力的企业技术研发中心；建成国际一流的国家高级农业科研人才培养基地，造就一支精干高效的创新队伍，集聚一批站在国际农业科技前沿的战略科学家、学术领军人物；建立'开放、流动、竞争、协作'的运行机制，形成以政府为主导、充分发挥市场配置资源的基础性作用、各类创新主体紧密联系和有效互动的国家农业科技创新体系。"

党的十八大作出了实施创新驱动发展战略的重大决策。2015 年发布的《中共中央 国务院关于深化体制机制改革加快实施创新驱动发展战略的若干意见》对加快实施创新驱动发展战略作出了全面部署。随后，原农业部发布《关于深化农业科技体制机制改革加快实施创新驱动发展战略的意见》，强调农业科研要坚持产业需求和问题导向，遵循农业科技发展规律，把增强自主创新能力作为战略基点，深化体制机制改革，建立运转高效的新型农业科技体系，以管理创新推动农业科技创新。新一轮改革重点在于农业科研管理体制的内部完善，尤其突出了对农业科研机构和农业科研人员的评价考核机制改革。近年来的改革重点有以下几个方面。

深化农业科研机构内部改革。按照事业单位分类改革总体要求，优化农业科研机构改革方案，强化分类指导，明确各类农业科研机构的性质，积极稳妥推进改革工作。加快建立"职责明确、评价科学、开放有序、管理规范"的现代农业科研院所制度，扩大院所自主权，努力营造科研人员潜心研究的政策环境。提高公益性科研机构运行经费保障水平。加强人才队伍与薪酬体系建设，依据学科领域、研究方向组建创新团队，按需设岗，按岗聘用，明确岗位用人标准，建立与科技评价相配套的薪酬体系。加强对农业科研院所的综合与分类考核评价，提高科学性、公正性和权威性。

优化农业科技创新力量布局。中央农业科研院所、农业高校等着重加强基础研究和前沿技术、关键技术、重大共性技术研究，以及事关全局的基础性科技工作。省级农业科研院校着重围绕区域优势农产品的产业发展，开展区域性产业关键技术和共性技术研究，有优势和特色的应用基础与高新技术研究，以及重大技术集成与转移。地市级农科所着重开展科技成果的集成创新、试验示范和技术传播扩散活动。

推进农业科技计划（项目）管理改革。按照中央关于深化项目资金管理改革的新要求，强化顶层设计，统筹科技资源，改革完善农业科技计划管理方式，建立目标明确和绩效导向的管理制度，形成职责规范、科学高效的组织管理机制。系统梳理产业需求，分析现代农业技术关键问题，分类设计农业科技项目，围绕重大任务推动农业科技创新。充分发挥专家和专业机构在农业科技计划（专项、基金等）具体项目管理中的作用，加强对专业机构的监督、评价和动态调整，确保其按照委托协议的要求和相关制度的规定进行项目管理工作。

2.2 近30年公共农业科研投资体系及其发展

2.2.1 公共农业科研机构资金渠道

公共农业科研机构资金来源主要有四个渠道，一是政府资金，包括中央和各省市，以及主管部门、相关部委和机构（含农业农村部、科技部、中宣部、国家发改委、教育部、林业局、中科院等）的拨款和项目资金；二是自身创收，主要是接受企事业单位委托的技术性收入和经营性收入等；三是国外资金；四是其他资金，包括校友捐赠、公益性组织捐赠、银行贷款等。

政府资金是农业科研单位科研经费主要来源渠道。根据科技部《中国科技统计年鉴》，全国农业科学研究与开发机构2020年内部支出2153147万元，其中政府资金1853571万元，占86.09%；企业资金83010万元，占3.86%；国外资金4540万元，占0.21%；其他资金212025万元，占9.85%（见图2-1）。根据教育部《高等学校科技统计资料汇编》，2020年全国农林院校科研活动收入1274579万元，其中政府资金1010737万元，占79.30%，企事业单位委托经费190258万元，占14.93%，各种收入67583万元，占5.30%，其他资金6002万元，占0.47%（见图2-2）。

1991—2020年，农业科研院所与农林院校的经费筹措渠道整体比较稳定，农业科研院所与农林院校的经费筹措渠道中，财政拨款都是二者的主要经费来源，充分体现了农业科研活动的公共产品属性。2020年农业科研院所经费来源中财政拨款的比例比农林院校高近7个百分点，农林院校经费来源中企事业单位委托经费高出农业科研院所11个百分点。

经费来源途径相对稳定，但是其变化波动也不容忽视，而且两类机构变化方向和特点有较大差异。如图2-3所示，1991年全国公共农业科研机构（含科研院所和高校）科研收入中政府资金比例为70.37%，到2020年达到82.70%，增长超过12个百分点。但这个增长主要来自于农业科研院所的增长，农林院所政府资金比例从1991年的55.22%上升为2020年的86.09%；但是农林院校却从1991

25

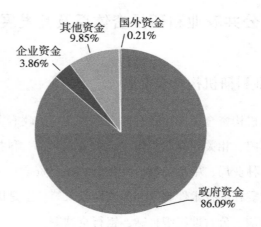

图 2-1 农业科研院所科研经费来源渠道

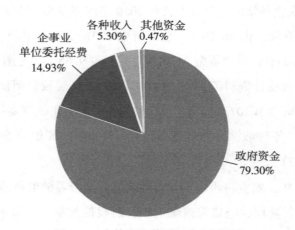

图 2-2 农林院校科研经费来源渠道

年的 85.51% 下降为 2020 年的 79.30%。

政府资金投资比例变化表现出一定的阶段性特征，总共有三次下行，其中前两次波动较大，第一次是 1993—1996 年，在国家宏观控制经济过热的背景下，财政拨款有所下降，1997 年之后逐步上升，2002 年达到了 81.49%；第二次是 2003—2006 年，此阶段也是国家宏观经济过热时期。

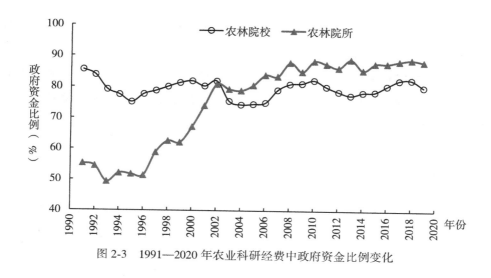

图 2-3　1991—2020 年农业科研经费中政府资金比例变化

2.2.2　农业科研投入强度及发展

1. 农业科研投入额度及发展

1991—2020 年，全国农业科研经费大幅度增长。按现价计，公共农业科研机构科研经费收入从 204956 万元增长到 3427726 万元，增长 15.72 倍；农业科研政府资金从 115658 万元增加到 2864309 万元，增长 23.77 倍。按 1990 年不变价计，2020 年公共农业科研机构科研收入 1080483 万元，是 1991 年的 4.45 倍，其中政府资金 906051 万元，是 1991 年的 7.10 倍，说明近 30 年来，中国农业科研投入快速发展，即使除去物价因素，农业科研经费也保持了较快的增长速度，高于全国 GDP 增长速度。

农业科研经费投入也表现出一定的不稳定性。无论是农业科研经费总收入还是科研财政拨款，其年增长率波动都非常大，且没有明显的变化规律。如图 2-4 所示，按 1990 年不变价计，农林院校科研活动经费增长率在−15.94% ~ 47.94% 波动，其中 1997 年、1999 年、2000 年、2010 年增长率都超过 30%，而 1993 年、1994 年、2011 年、2020 年为负增长。如图 2-5 所示，农业科研院所科研活动经

费增长率在 - 7.77% ~ 30.88% 波动, 1995—1997 年、2020 年为负增长, 2007—2022 年增长率都超过 20%。农业科研院所和农林高校科研经费波动并不一致, 但是波动都主要来自财政拨款的波动; 从发展变化趋势看, 2011 年后波动幅度减小。农业科研院所和农林高校科研经费波动并不一致, 说明国家对高校系统和科研院所系统的财政政策、管理政策并不一致, 有必要独立分析两个系统的农业科研工作绩效。

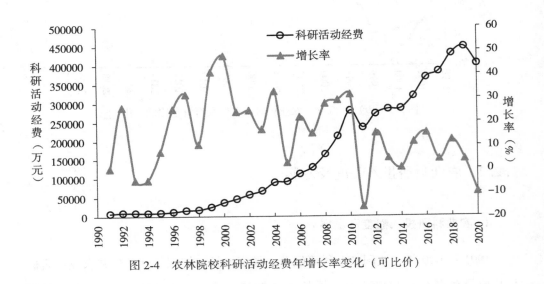

图 2-4　农林院校科研活动经费年增长率变化 (可比价)

2. 农业科研投入占农业 GDP 的比例

投入强度通常被用来比较不同国家科研的投入水平。农业科研投入强度一般用农业科研投入占农业总产值的比例来表示, 即每一百元农业总产值中投入农业科研的经费额度。《中国科技统计年鉴》中有一个指标是"全国研究与试验发展 (R&D) 经费内部支出与国内生产总值之比", 可以视为中国科技投入强度指标。受限于数据获取不完整性, 本书用农业科研经费投入 (大于农业 R&D 经费内部支出) 占农业总产值的比例来表示中国公共农业科研投入强度。如图 2-6 所示, 1991—2020 年公共农业科研投入强度总体有所提升, 1991 年为 0.25, 2020 年为 0.31, 平均为 0.23。

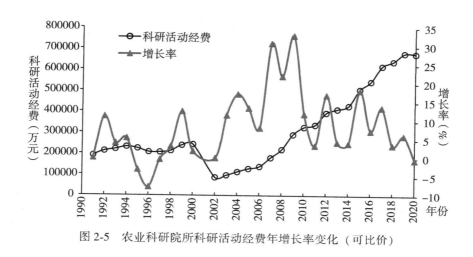

图 2-5 农业科研院所科研活动经费年增长率变化（可比价）

图 2-6 1991—2020 年全国农业科研投入强度

　　近 30 年来，农业科研投入强度有较大的起伏波动。在投入强度的变化趋势上，全国科研投入强度整体上是先降后升。如图 2-6、表 2-3 所示，"八五""九五""十五"期间农业科研投入强度持续下降，"十五"期间达到低谷，"十一五"之后逐步回升，"十二五"期间恢复到"九五"水平，"十三五"期间持续升高。

表 2-3   "八五" 至 "十三五" 公共农业科研投入强度

年份	年均农业总产值（亿元）	年均农业科研经费投入（亿元）	投入强度
1991—1995	9277.33	22.48	0.24
1996—2000	13470.43	24.34	0.18
2001—2005	17045.85	21.32	0.13
2006—2010	21989.29	41.10	0.19
2011—2015	27401.52	69.51	0.25
2016—2020	32983.12	103.83	0.31

注：根据《高等学校科技统计资料汇编》《中国科技统计年鉴》等整理。

3. 农业科研支出占全国科技支出的比例

农业科研经费占全国科技财政拨款的比例很大程度上也可以反映农业科研投入相对强度，以及农业科研在全国科研系统中的地位。

我国农业科研经费占全国科研经费的比例呈下降趋势。如图 2-7 所示，1995—2020 年，农业科研经费（农业科研院所与农林院校科技活动支出总额）占全国科技财政拨款百分比呈急剧下降趋势。1995 年的农业科研经费占全国科技财政拨款的 5.81%，2020 年仅为 1.36%。数据直观表明，近 30 年来我国农业科研在全国科技系统中的相对地位急剧下降。

2.2.3 农业科研投入与支出结构及变化

1. 基础研究、应用研究和试验发展支出结构变化

以农林院校为例，1991—2020 年农林院校 R&D 活动中基础研究、应用研究和试验发展三类支出及其变化如图 2-8 所示，数据表明：1991—2020 年农林院校 R&D 活动中基础研究、应用研究和试验发展经费所占比例分别为 27.28%、60.27%、12.45%，应用研究经费比重最大，试验发展经费比重最小。

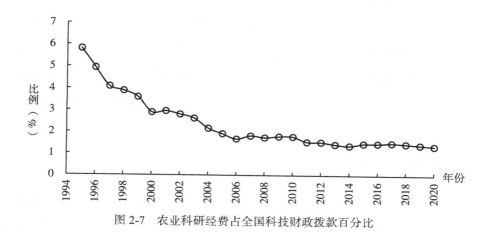

图 2-7 农业科研经费占全国科技财政拨款百分比

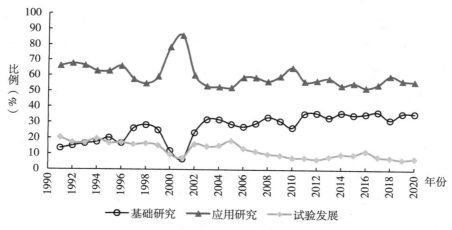

图 2-8 1991—2020 年农林院校科研经费支出结构及其变化

　　动态地看，基础研究逐步增强。基础研究经费比重从 1991 年的 13.54%增加到 2020 年的 36.20%，整体增长趋势明显。应用研究经费比重先降后升，1991—2005 年整体持续下降，比重从 66.09%下降到 52.40%，之后陆续回升到 55%~60%。试验发展经费比重有两次下滑过程，1991—2001 年从 20.37%下降到 7.38%，2002 年陡然上升至 16.16%，之后在波动中有所下降，2020 年为 7.32%。

　　基础研究、应用研究与试验发展三者经费比重变化，反映了不同时期农业科研工作的取向和导向，以及国家农业科研政策的调整。比如"973"计划启动，直接促进了基础研究的投入，2001年无疑是一个重要的转折点，之后基础研究逐渐强化，应用研究和试验发展被削弱。这可能与国家对农业科研分工定位有关，国家希望未来企业将越来越多地承担起农业科研成果转化和技术创新方面的责任。

2. 竞争性和非竞争性科研投入结构变化

　　农业科研财政预算主要包括三类：科研事业费、科研项目费和科研基建费，其中，科研基建费未被统计在《中国科技统计年鉴》《高等学校科技统计资料汇编》《全国农业科技统计资料汇编》等统计资料的相关指标中。按照《高等学校科技统计资料汇编》，农林院校的政府投资包括科研事业费和专项经费，其中，专项经费包括主管部门教育部或省市教育厅（局）专项经费、其他政府部门（基金委、农业农村部、科技部、林业局等）专项经费。科研事业费可视为非竞争性经费；专项经费一般需要各单位主动申请，主管部门审批，因此具有较强的竞争性。

　　农林院校科研经费主要通过竞争方式获得，且竞争性经费比例越来越大。按现价计算，近30年政府投入农林院校的科研经费共计1047.65亿元，其中科研事业费89.14亿元，占8.51%，主管部门专项经费213.66亿元，占20.39%，其他政府部门专项经费744.86亿元，占71.10%，即竞争性经费占了91.49%。动态地看，农林院校竞争性经费比例越来越大（见图2-9）。1991—2020年农林院校科研事业费占比平均为11.62%，标准差为5.54%，呈先增后降的趋势，总体下降。非竞争性经费比例最高为2002年（24.91%），之后迅速下降，到2008年下降到10%以下，2010年不到7%。

　　根据《全国农业科技统计资料汇编》，农业科研院所的政府资金分为财政拨款、项目经费和其他三类，其中财政拨款包括专项经费，是不完全的非竞争性经费，项目经费主要以竞争方式获得，可视为竞争性经费。农业科研院所的经费获得方式中，非竞争性经费比例高于农林院校，但是竞争性经费仍然占了很大比

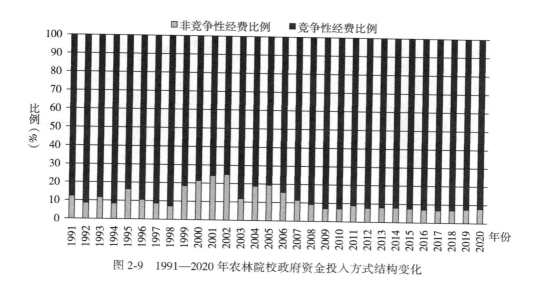

图 2-9　1991—2020 年农林院校政府资金投入方式结构变化

例，并且比重越来越大。2011 年农业科研院所科研活动经费内部支出中，财政拨款 931990 万元，占 65.96%，承担政府项目 433074 万元，占 30.65%，其他 47978 万元，占 3.40%。承担政府项目一般通过竞争方式获得，财政拨款中专项拨款既有一定指派性也有一定竞争性，因此可以说竞争性经费比例为 30% 以上。动态地看，1993 年基金项目占政府资金比例为 2.61%，2000 年承担政府项目经费占 20.73%，2011 年承担政府项目经费占 30.65%（见图 2-10），可见，农业科研院所科研经费的政府资金中竞争性经费比例从无到有，增长非常迅速。

3. 人员费用支出额度与比例

科研经费中人员费用支出指单位科研经费中实际支出的人员工资、福利等费用，以及从教育事业费中折合的非全时科技活动人员工资。近 30 年，科研经费中人员费用支出整体呈上升趋势，但是波动非常大。

1991—2020 年，农林院校和农业科研院所的科研人员费占比快速增长，在 2001 年分别达到 42.18%、25.3%；之后迅速下降，保持相对稳定；2016 年后又逐步提升，2019 年达到新高。两升一降的特点符合我国农业科研体制改革进程。20 世纪 90 年代为调动科研人员积极性，人员工资、劳务费快速提升；2000 年开

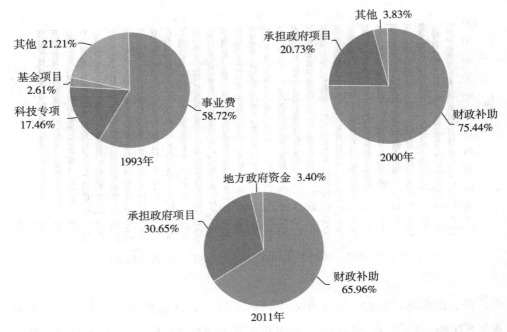

注：根据《全国农业科技统计资料汇编》，1993—1997 年政府资金分为事业费、科技专项、科技基金、其他；1998—2003 年政府资金分为财政补助（含科技项目费）、承担政府项目、其他；2004 年后分为财政补助、承担政府项目、地方政府资金。

图 2-10　农业科研院所政府资金投入方式结构变化

始国家推进预算改革，2001 年科技部等部委出台《关于国家科研计划实施课题制管理的规定》，部分"分钱"行为受到限制，科研经费管理进入建章立制的规范化建设阶段；2016 年全国科技创新大会召开之后，原总理李克强提出要大幅提高人员费比例，"用于人员激励的绩效支出占直接费用扣除设备购置费的比例，最高可从原来的 5% 提高到 20%""对劳务费不设比例限制，参与项目的研究生、博士后及聘用的研究人员、科研辅助人员等均可按规定标准开支劳务费"，因此人员费用支出又有一次大的提升。

　　农林院校和农业科研院所的人员费用支出情况存在差异：农业科研院所科研经费内部支出中科研人员费占比增幅更大，波动也更大（见图 2-11）。30 年间，农业科研院所人员费用从 27.07% 增加到 56.19%，增加了约 28 个百分点；农林院校人员费用从 3.02%增加到 14.07%，增加了约 11 个百分点。农业科研院所人员费用占比出现多次断崖式剧烈波动，农林院校则没有断崖式增减。这种变化可以根据两类机构的职能特点进行解释。科研是科研院所的主要职能，科研经费是科研院所经费主要来源，也是其人员经费的主要来源；高校具有人才培养、科学研究的功能，而人才培养是其根本任务，因此教职工工资主要是通过教育事业费获得。

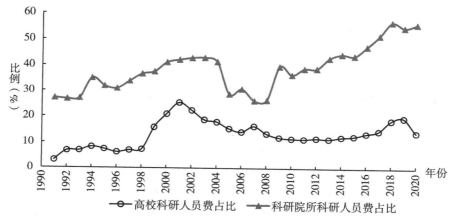

图 2-11 1991—2020 年公共农业科研机构科研人员费占比

1991—2020 年，农业科研院所和农林院校科研经费支出中科研人员费增长率波动非常大。如表 2-4 所示 1999 年的增长率在 200%以上；同时多个年份呈现负增长，最低为−34.73%，这种剧烈波动与科学研究工作的长期性、持续性相悖。

表 2-4   **1991—2020 年公共农业科研机构科研人员费增长率**

年份	农林院校科研人员费 增长率（%）		农业科研院所科研人员费 增长率（%）	
	现价	可比价	现价	可比价
1991	—	—	—	—
1992	202.44	184.25	24.07	16.61

续表

年份	农林院校科研人员费增长率（%）		农业科研院所科研人员费增长率（%）	
	现价	可比价	现价	可比价
1993	16.08	1.20	21.14	5.62
1994	37.54	10.83	66.75	34.37
1995	12.85	−3.63	2.00	−12.90
1996	3.41	−4.51	−5.14	−12.41
1997	51.68	47.55	12.08	9.03
1998	18.99	19.95	10.78	11.67
1999	217.28	221.79	14.65	16.28
2000	74.45	73.75	13.09	12.63
2001	44.00	43.00	21.15	20.31
2002	11.70	12.60	17.46	18.41
2003	22.08	20.63	7.98	6.70
2004	14.56	10.26	−0.91	−4.63
2005	2.33	0.52	−25.70	−27.02
2006	3.76	2.23	13.97	12.29
2007	30.53	24.55	17.78	12.38
2008	20.77	14.04	14.68	8.29
2009	4.49	5.23	−34.73	−34.27
2010	30.58	26.41	12.84	9.24
2011	3.25	−2.04	12.89	7.11
2012	8.17	5.43	21.55	18.47
2013	11.36	8.54	18.92	15.90
2014	5.45	3.38	9.45	7.30
2015	12.19	10.64	17.55	15.93
2016	18.63	16.30	19.94	17.59
2017	18.48	16.62	28.03	26.01
2018	58.10	54.85	12.29	9.98

续表

年份	农林院校科研人员费 增长率（%）		农业科研院所科研人员费 增长率（%）	
	现价	可比价	现价	可比价
2019	13.65	10.45	12.04	8.88
2020	1.84	−0.65	7.37	4.75
平均	33.47	28.76	12.55	8.09

注：根据历年《高等学校科技统计资料汇编》《中国科技统计年鉴》整理。

2.3 近30年公共农业科研其他相关要素发展概况

2.3.1 农业科研人力资源

高校教学和科研人员、科研院所研究员、研究生是农业科研人力资源的三大主体。

近30年，公共农业科研机构的科研人员整体减少（见图2-12）。1991年，农林院校和农业科研院所科研活动人员共计158187人，2020年共计119957人，减员约24%。公共农业科研机构科研活动人员经历了两轮减员，第一轮是1991—2000年，适应国企、政府机构和事业单位体制改革要求，科研活动人员从158187人下降到96266人，之后有缓慢平稳增长；第二轮下降是2008—2009年，农科院、林科院、水生所体制改革后，公共农业科研机构科研活动人员从115469人锐减为87835人，之后逐年缓慢上升。整体而言，农业科研活动人员变化平稳，两次减员过程可由全国农业科研机构并、转调整来解释，2009年以后的稳步上升代表了农业科研体制进入稳定发展时期。

研究生是科学研究的生力军，也是农业科研的重要力量。近30年，农科研究生数量增长迅速，1991年全国农科专业研究生4000人，2020年增长到149685人，增长了36.42倍，增长主要得益于高校扩招政策。2000—2005年增长最快，达到25%~35%；2010年教育部启动实施了专业硕士和学术硕士招生体制改革，

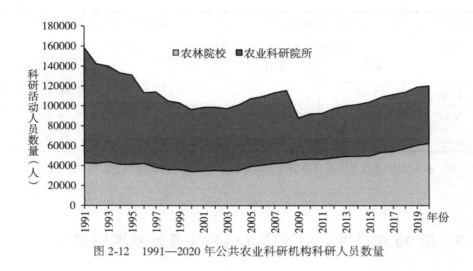

图 2-12　1991—2020 年公共农业科研机构科研人员数量

研究生招生规模进一步扩大；2017 年为了缓解就业压力，研究生规模又有一个较大幅度增长，在数量上首次超过专职的科研活动人员，达到 120119 人；到 2020 年在校农科研究生已经是专业科研活动人员的 1.25 倍（见图 2-13）。因此，在农业科研绩效评价中，研究生是不可忽视的人力投入要素之一。

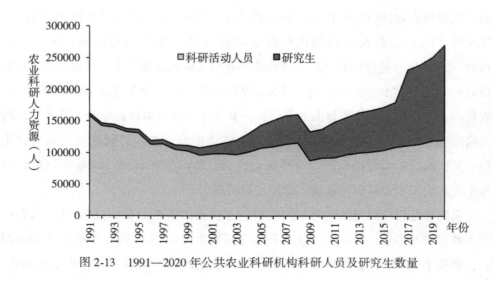

图 2-13　1991—2020 年公共农业科研机构科研人员及研究生数量

农业科研人员质量显著提升。公共农业科研机构中高级职称和博士学位人数稳定增长。农林院校教学与研究人员中高级职称人员占科研活动人员的比例从1991年的20.25%，持续稳步增加到了2020年的45.74%；农业科研院所博士学位科研活动人员，从1991年的195人发展为2020年的11448人，占比从0.26%增长到19.86%（见图2-14），是所有投入要素中增长最快的。

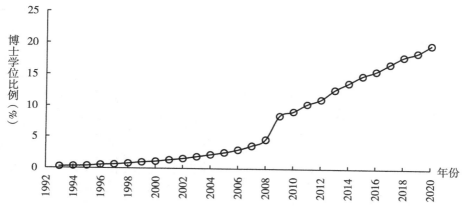

注：2009年前的数据来源于《全国农业科技统计资料汇编》，2009年及以后的数据来源于《中国科技统计年鉴》。

图2-14　1991—2020年农业科研院所博士学位科研人员比例

2.3.2　农业科研物力资源

科研机构的物力资源主要包括科研实验室、科研仪器设备、图书资料等，是科研活动的硬件条件。由于统计年鉴指标限制，下面从资产性支出角度分别对农业科研院所和农林院校的农业科研条件发展变化进行简单分析。

如图2-15、图2-16所示，1991—2020年，中国农业科研院所和农林院校每年资产性支出大幅上升。近30年，农业科研院所资产性支出增长了6.39倍，年均增长率为8.47%；农林院校固定资产购置费增加了114.36倍，年均增长率为20.56%。但年增长率波动较大，偶尔有年份增长达到100%以上，也有多个年份出现负增长。2018年之后，农业科研院所和农林院校资产性支出都有下降趋势，

2020 年分别下降了 14.03%、14.63%。仪器设备购置支出比例越来越大，以农业科研院所为例，1991 年仪器设备购置支出占资产性支出的 17.99%，2020 年的占比增加到 57.48%，这与农业科技本身的快速发展有关，配置先进仪器设备是现代农业和农业科学研究工作的一个重要特点，技术进步可能成为农业科研绩效提升的支持因素。

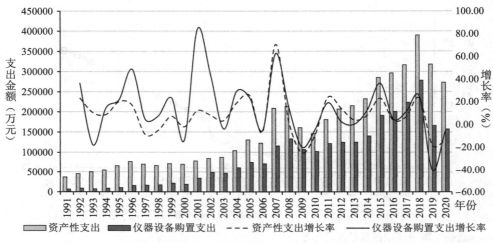

图 2-15　1991—2020 年全国农业科研院所资产性支出和仪器设备购置支出及增长率

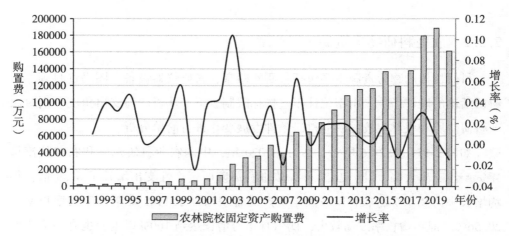

图 2-16　1991—2020 年全国农林院校固定资产购置费及增长率

2.3.3 农业科研成果产出

1. 农业科研成果

1991—2020 年，全国公共农业科研机构完成了约 1913 亿元的科研课题，发表学术论文约 137 万篇，申请专利约 91 万项，获得专利授权约 45 万项。

如图 2-17 所示，2010 年以来论文发表和专利申请数量增长非常快。1991—2020 年，发表论文从 8950 篇增长到 204885 篇，增长约 22 倍；专利申请数从 900 项增加到 124149 项，增长约 137 倍。2019 年科研论文和专利数量有较大幅度的下降，可能与国家相关政策的出台有关：2018 年教育部办公厅印发《关于开展清理"唯论文、唯帽子、唯职称、唯学历、唯奖项"专项行动的通知》，决定在部属各高等学校开展"唯论文、唯帽子、唯职称、唯学历、唯奖项"清理。

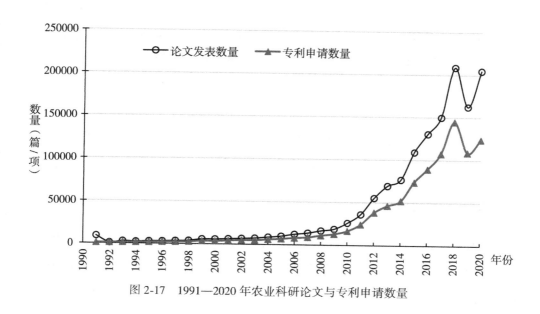

图 2-17 1991—2020 年农业科研论文与专利申请数量

近 30 年，农业科研服务社会能力增强。以农林院校为例，农林院校通过技术转让和接受企事业单位委托任务，获得社会服务收益从 0.13 亿元增长到 21.10

亿元；但增幅波动非常大，课题经费收入与社会服务收益增长率，最高达到180%以上，最低至-40%（见图2-18）；课题经费收入与社会服务收益二者增长率表现出一定的互补性。一般地，课题经费增长率高（低）的年份社会服务收益增长率低（高），这说明科研工作者的精力是有限的，若科研项目任务较重则社会服务活动将减少。

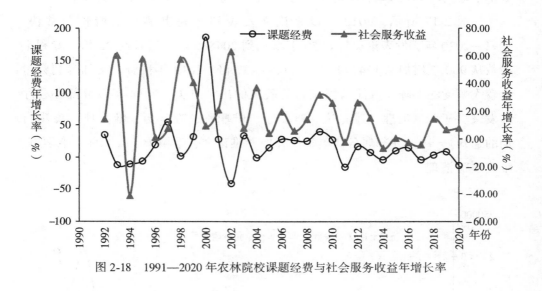

图 2-18　1991—2020 年农林院校课题经费与社会服务收益年增长率

所有投入产出指标增长速度波动非常大，说明农业科研投入与产出还缺乏稳定发展的长效机制，投入存在一定的随意性，产出也不够稳定。

2. 农业科研单位人才培养

科教融合是高校和研究院所的重要特征之一。从科研的角度看，人才培养是科研院所，尤其是高校科研的重要附属功能，学生尤其是研究生是高校科研的重要力量。相关分析结果表明，学生的质量与科研成果的相关系数远高于教师职称和学历等质量因素与科研成果的相关系数。表2-5统计了1994—2020年全国农科本科生和研究生培养情况，呈现如下特点：

表 2-5　　　　　　1994—2020 年全国农科高等教育人才培养情况

年份	本科生			研究生		
	农科招生数	农科招生数增长率(%)	占全国招生比例(%)	农科招生数	农科招生数增长率(%)	占全国招生比例(%)
1994	32900	—	3.66	1943	—	3.82
1995	32600	-0.91	3.52	1772	-8.80	3.47
1996	32700	0.31	3.39	2120	19.64	3.57
1997	36000	10.09	3.60	2404	13.40	3.77
1998	27056	-24.84	2.50	2830	17.72	3.90
1999	35834	32.44	2.24	3450	21.91	3.74
2000	42099	17.48	1.91	4847	40.49	3.77
2001	37133	-11.80	1.38	5687	17.33	3.44
2002	37513	1.02	1.17	6521	14.67	3.22
2003	41637	10.99	1.09	9693	48.64	3.60
2004	44379	6.59	0.99	12110	24.94	3.71
2005	45674	2.92	0.91	13864	14.48	3.80
2006	47312	3.59	0.87	14841	7.05	3.73
2007	50322	6.36	0.89	15733	6.01	3.76
2008	53332	5.98	0.88	13259	-15.72	2.97
2009	58940	10.52	0.92	14800	11.62	2.90
2010	62322	5.74	0.94	14874	0.50	2.76
2011	60835	-2.39	0.89	20063	34.89	3.58
2012	63974	5.16	0.93	21080	5.07	3.57
2013	68658	7.32	0.98	23388	10.95	3.83
2014	70675	2.94	0.98	23383	-0.02	3.76
2015	70091	-0.83	0.95	24147	3.27	3.74
2016	72529	3.48	0.97	26957	11.64	4.04
2017	73352	1.13	0.96	34317	27.30	4.26
2018	73556	0.28	0.93	39003	13.66	4.55

续表

年份	本科生			研究生		
	农科招生数	农科招生数增长率(%)	占全国招生比例(%)	农科招生数	农科招生数增长率(%)	占全国招生比例(%)
2019	74696	1.55	0.82	42452	8.84	4.63
2020	77913	4.31	0.81	55974	31.85	5.06

注：根据国家统计局官网、《高等学校科技统计资料汇编》整理。

①中国高等教育实现跨越式发展。2020年农学类本科、研究生招生人数分别达到77913人、55974人，比1994年分别增长了1.37倍、27.81倍。②农学类学生增长幅度低于同期全国总体水平，同期全国本科、研究生招生人数分别增长了10.75倍、21.76倍。农科本科生全国占比远低于农科研究生的全国占比，2020年农科本科生全国占比为0.81%，研究生为5.06%。③农学类本科生占全国本科招生数的比例呈下降趋势，从20世纪90年代的3.5%左右，降为当前的0.81%，④农学类研究生占全国研究生的比例整体呈现上升趋势，但经历了先降后升的过程，2008—2010年下降较大，2011年后又恢复到之前的水平，近5年来增幅较大。⑤农学本科和研究生招生数年增长率波动较大，其中研究生招生数年增长率较高的2次为48.64%（2003年）、40.49%（2000年），最低的2次为−15.72%（2008年）、−8.80%（1995年），农科本科生招生数有5个年份出现负增长，最低减少了24.84%（1998年）。

以上数据分析表明，受国家整体招生政策、农业教育本身特点和就业市场的影响，农科类本科生和研究生生源不稳定，从农业科技发展角度看，农业科研后备人才培养和储备不足。

本章小结

本章对改革开放以来中国公共农业科研体系进行了系统梳理，并对1991—2020年农业科研投入强度、结构及其变化趋势进行了重点分析，同时对农业科研其他投入产出要素进行了简要分析，主要结论如下：

1991 年以来，农业科研系统发展的突出特点是面向市场产业化，途径主要包括减少财政支出，鼓励科研机构和人员从事成果商品化、产业化活动等，多途径创收、推动公共部门企业化转制等。1999 年启动的"三院"改制实际效果不明显，科研人员减少、经营活动人员增加，原"三院"从业者总数变化甚微，科研力量被弱化；农林院校归属权脱离原农业部，也带来了农业高校科研和人才培养的"离农"倾向；1995 年实施的重点发展战略，使大量资源集中到重点机构。

政府是农业科研投入主体，政府资金占农业科研机构科研经费收入的 80% 以上，绝大部分经费通过科研项目或专项方式划拨。目前中国公共农业科研投入强度为 0.31；基础研究、应用研究和试验发展经费比例大致为 36.20%、56.47%、7.32%。近年来，财政拨款总额增长迅速，但是增幅波动非常大，甚至出现负增长；农业科研财政拨款占全国科技财政拨款的比例呈下降趋势；竞争性经费比例从无到有，增长快；基础研究比重逐渐增大，试验发展比重在减少。

农业科研活动人员和农科研究生共同构成农业科研的主体。近 30 年，科研活动人员虽然有一个先降后升的趋势，但是整体上变化相对比较平稳；研究生规模增长迅速，2020 年在校农科研究生已经是专业科研活动人员的 1.25 倍，是农业科研绩效评价时不可忽视的因素。

农业科研论文、专著、专利和社会服务收益等成果产出和收益相关指标，表现出高速增长与增长率大幅波动并存的特点，其中科研论文和专著波动趋势比较一致；社会服务收益和课题经费收入二者表现出较强的互补性，说明农业科研机构和人员难以兼顾研究与创收。

农业科研院所与农林高校管理归属不同，二者的科研投入强度、方式、机构表现出一定差异，统计口径也不尽一致，一定程度上反映了中国农业科研系统的统筹性、协作性有待提高。

3　农业科研投入对农业经济发展的贡献及作用轨迹

　　基于第 1 章关于农业科研价值链的分析，本章将以 1991—2020 年农业科研投入、农业科研成果和农业经济增长为对象，采用基于向量自回归模型的脉冲函数分析和方差分解法，分析农业科研投入与农业经济增长的相互作用关系，以弄清近 30 年中国农业科研投入与农业经济增长之间的作用过程、机制与作用大小。

3.1　模型与数据

3.1.1　脉冲响应函数

　　脉冲响应函数（impulse response function，IRF）是向量自回归（vector autoregression，VAR）模型的拓展。VAR 模型是单变量自回归模型的一种推广，是一种估计变量间相互关系的简便而适用的方法。首先，它基于数据的统计性质建立模型，较少地受既有理论的约束；其次，它将模型中所有变量都视为内生变量，便于分析各变量之间长期相互动态影响，尤其适用于受到其他变量和自身共同影响的复杂变量群。IRF 是在 VAR 模型估计结果基础上，分析一个内生变量对来自另外一个内生变量新息变动冲击的响应，即在另外一个内生变量随机误差项上施加一个标准差大小的冲击后，观察冲击对该内生变量的当期值和未来值产生的影响程度，因此 IRF 有助于分析变量之间的长期作用过程与强度，使 VAR 模型更有经济含义。本章使用的分析软件为 Eviews5.1。

1. 脉冲响应函数

根据模型基本原理，考虑两个变量（X 和 Y）的情形，其滞后期为 $1\sim2$ 期的 VAR 模型为：

$$\begin{cases} X_t = a_1 X_{t-1} + a_2 X_{t-2} + b_1 Y_{t-1} + b_2 Y_{t-2} + \varepsilon_{1t} \\ Y_t = c_1 X_{t-1} + c_2 X_{t-2} + d_1 Y_{t-1} + d_2 Y_{t-2} + \varepsilon_{2t} \end{cases} \tag{3.1}$$

式中：a_i，b_i，c_i，d_i 是参数，ε_{1t} 和 ε_{2t} 是扰动项，$t = 1$，2，$\cdots$，T。

当系统 $t = 0$ 时，设 $X_1 = X_2 = Y_1 = Y_2 = 0$，假设在第 0 期给定一个扰动项 $\varepsilon_{10} = 1$，$\varepsilon_{20} = 0$，并且其后的扰动项均为 0，即 $\varepsilon_{1t} = \varepsilon_{2t} = 0$（$t = 1$，$2$，$\cdots$），称为第 0 期给 X 一个新息的扰动（脉冲），这个新息将在系统中不断传递。当 $t = 0$ 时，有

$$X_0 = 1, \quad Y_0 = 0$$

将结果代入（3.1）式，得

$$X_1 = a_1, \quad Y_1 = b_1,$$

再将此结果代入（3.1）式，得

$$X_2 = a_1^2 + a_2 + b_1 c_1, \quad Y_2 = c_1 a_1 + c_2 + d_1 c_1$$

如此迭代，可求得 X_0，X_1，X_2，X_3，$\cdots$，称为由 X 的脉冲引起 X 的响应函数。

同理可求得 Y_0，Y_1，Y_2，Y_3，$\cdots$，称为由 X 的脉冲引起 Y 的响应函数。

若第 0 期给定扰动项为 $\varepsilon_{10} = 0$，$\varepsilon_{20} = 1$，则按上述方法，同样可求得 Y 的脉冲引起 X 的响应函数和 Y 的响应函数。可见，通过脉冲响应过程可以清晰地捕捉系统对特定冲击的影响效果。

2. 方差分解

方差分解是脉冲响应函数分析的补充手段，是把握变量间影响程度的方法。其基本思想是，把系统中的全部内生变量（k 个）的波动按其成因分为与各个方程新息相关联的 k 个组成部分，从而得到新息对应模型的内生变量的相对重要程度。第 j 个扰动项 ε_{ij} 从无限过去直到现在时点对 Y_{it} 影响的总和表示为：

$$Y_{it} = \sum_{j=1}^{k} (\theta_{ij}^{(0)} \varepsilon_{ij}^{(0)} + \theta_{ij}^{(1)} \varepsilon_{ij}^{(1)} + \theta_{ij}^{(2)} \varepsilon_{ij}^{(2)} + \cdots)$$

假定 ε_{ij} 序列无关，则其方差表示为：

$$E[(\theta_{ij}^{(0)} \varepsilon_{ij}^{(0)} + \theta_{ij}^{(1)} \varepsilon_{ij}^{(1)} + \theta_{ij}^{(2)} \varepsilon_{ij}^{(2)} + \cdots)^2] = \sum_{q=0}^{\infty} (\theta_{ij}^{(q)})^2 \delta_{jj}$$

假定扰动项向量的协方差矩阵是对角矩阵，则 Y_{it} 的方差是上述方差的 k 项之和：

$$\text{VAR}(Y_{it}) = \sum_{j=1}^{k} \left\{ \sum_{q=0}^{\infty} (\theta_{ij}^{(q)})^2 \delta_{jj} \right\}$$

为了测定各个扰动项相对 Y_{it} 的方差的影响程度，定义如下尺度：

$$\text{RVC}_{\overrightarrow{ji}}(\infty) = \frac{\sum_{q=0}^{\infty} (\theta_{ij}^{(q)})^2 \delta_{jj}}{\text{VAR}(Y_{it})} = \frac{\sum_{q=0}^{\infty} (\theta_{ij}^{(q)})^2 \delta_{jj}}{\sum_{j=1}^{k} \left\{ \sum_{q=0}^{\infty} (\theta_{ij}^{(q)})^2 \delta_{jj} \right\}} \tag{3.2}$$

RVC 是相对方差贡献度，$\text{RVC}_{\overrightarrow{ij}}$ 表示在影响 i 的 k 个变量（含 i 变量自身）中的第 j 个变量对第 i 的影响，是根据第 j 个变量基于扰动的方差对 Y_t 变异方差的相对贡献程度来测量的。现实中，我们只能用有限项 $C_{ij}^{(q)}$ 近似求解 $\text{RVC}_{\overrightarrow{ij}}$ 的值。如果模型平稳，则 $\theta_{ij}^{(q)}$ 将随着 q 的增大呈现几何级数下降，因此只需取有限的 s 项就可以近似求解。$\text{RVC}_{\overrightarrow{ij}}$ 具有如下性质：

（1）$0 \le \text{RVC}_{\overrightarrow{ji}}(s) \le 1$；（2）$\sum_{j=1}^{k} \text{RVC}_{\overrightarrow{ji}}(s) = 1$

$\text{RVC}_{\overrightarrow{ji}}$ 越大，意味着 j 对 i 的影响越大，反之 $\text{RVC}_{\overrightarrow{ji}}$ 越小意味着 j 对 i 的影响越小。

考虑两个变量 X，Y 的情形，Y 的方差可分解为来自 X 和 Y 的影响，$\text{RVC}_{\overrightarrow{XY}}(s)$ 表示 X 对 Y 的相对方差贡献度，$\text{RVC}_{\overrightarrow{YY}}(s)$ 表示 Y 对 Y 的相对方差贡献度，且有

$$\text{RVC}_{\overrightarrow{XY}}(s) + \text{RVC}_{\overrightarrow{YY}}(s) = 1 。$$

3.1.2 数据及其检验

1. 变量与数据来源

本章涉及农业科研投入（ARI）、农业科研成果（RP）、农业经济发展

（AG）三个变量。农业科研投入指农业科研院所和农林院校科研经费投入总额；农业科研成果用农业科研专著、论文和专利总数表示；农业经济发展用农业总产值表示。数据来源于1991—2020年《中国统计年鉴》《高等学校科技统计资料汇编》《全国农业科技统计资料汇编》《中国科技统计年鉴》等年鉴或资料汇编。

为了消除物价影响，本书以1990年为基准年，以居民消费价格指数为校正因子，得到可比的农业科研投入与农业经济发展相关数据。为了消除数据中的异方差，对所有变量取自然对数，得到的新变量记为lnARI、lnRP、lnAG，取对数后的变量描述性统计指标见表3-1。各描述性统计指标表明，对数化变量波动是比较小的，可以有效减少异方差可能会对模型产生的不好影响。

表3-1 变量描述性统计

变量	平均数	最大值	最小值	标准差	偏度	峰度
lnARI	12.03	13.40	9.68	1.09	−0.37	1.83
lnRP	10.23	12.80	7.80	1.54	0.32	1.79
lnAG	14.44	15.07	13.59	0.44	−0.32	1.99

2. 数据平稳性检验

数据平稳是进行VAR建模的前提。采用ADF检验法对数据平稳性进行检验，结果表明，lnARI、lnRP、lnAG均为一阶平稳序列（见表3-2），差分后的序列（DlnARI、DlnRP和DlnAG）为平稳序列。进一步进行Johansen协整检验表明，DlnARI与DlnAG、DlnARI与DlnRP、DlnAG与DlnRP三组变量均协整。

表3-2 变量单位根检验表

变量	检验类型	ADF检验值	1%临界值	5%临界值	结论
lnARI	C, T, 0	−2.497	−4.441	−3.633	不平稳
lnRP	C, 0, 0	0.435	−3.679	−2.968	不平稳
lnAG	C, T, 0	−0.079	−4.394	−3.612	不平稳

续表

变量	检验类型	ADF 检验值	1%临界值	5%临界值	结论
DlnARI	C, T, 0	−5.033	−4.356	−3.595	平稳
DlnRP	C, T, 0	−16.174	−4.324	−3.581	平稳
DlnAG	C, T, 0	−6.313	−4.394	−3.612	平稳

注：D 代表一阶差分。

3. 变量间的 Granger 因果检验

相关分析表明，lnARI 与 lnAG、lnARI 与 lnRP、lnRP 与 lnAG 三对变量间的 Pearson 相关系数分别为 0.937、0.919、0.947，0.936、0.933、0.947，说明每组变量都存在较高关联度，但需要进一步检验其因果关系。农业科研投入、农业科研成果与农业经济发展三者的 Granger 因果关系检验结果（见表3-3）表明：

表 3-3   **Granger 因果检验结果**

变量组	滞后阶数	原假设	样本	F 值	P 值	检验结论
一	3	农业科研投入不是农业经济发展的原因	28	4.186	0.019	拒绝
		农业经济发展不是农业科研投入的原因	28	0.149	0.702	接受
二	1~5	农业科研投入不是农业科研成果的原因	28	0.174~1.045	0.352~0.949	接受
		农业科研成果不是农业科研投入的原因	28	0.558~2.169	0.209~0.493	接受
三	2	农业科研成果不是农业经济发展的原因	28	3.535	0.072	拒绝
		农业经济发展不是农业科研成果的原因	28	0.814	0.455	接受

农业经济发展与农业科研投入之间存在单向因果关系。滞后阶数为 3 时，95%的置信水平下拒绝"农业科研投入不是农业经济发展的原因"的假设，但不能拒绝"农业经济发展不是农业科研投入的原因"的假设。说明农业科研投入是引起农业经济发展变化的原因，但农业经济发展不是导致农业科研投入变化的原因。

农业科研投入与科研成果之间无明显因果关系。滞后 1~5 期的检验结果都不能拒绝原假设，因此可以认为农业科研投入与农业科研成果之间没有明显的统计意义上的因果关系。其原因可能在于：第一，代表农业科研成果的指标为公开发表论文数和申请专利数，是数量指标，国家实施的重大科技计划中，项目委托给一些优秀学者，他们发表的论文数量不一定很多，但是每一项成果可能都是突破性的、具有重大价值的成果；第二，该时期农业科研投入增幅波动较大，1991—2020 年，农业科研投入年增长率平均为 10.34%，最高为 32.20%，最低为-11.85%，有 4 年为负增长，有 6 年的增长率在 20%以上，而农业科研工作有自身的延续性，这种投入的随机波动与循序渐进的农业成果产出之间表现出统计上的非因果关系。应该说，从长期的规律看，在我国农业科研投入总量还严重不足的情况下，农业科研投入无疑极大地改善了农业科研条件，保障了农业科研成果的持续增长。

农业科研成果与农业经济发展之间存在单向因果关系。滞后阶数为 2 时，99%的置信水平下拒绝"农业科研成果不是农业经济发展的原因"的假设，但不能拒绝"农业经济发展不是农业科研成果的原因"的假设，即农业科研成果增长会引起农业经济发展变化，但农业经济发展并没有带来农业科研成果的增加。

3.2 实证分析

分析农业科技活动对经济发展的贡献及作用轨迹时，有两点值得注意：

第一，科研活动与一般生产活动不同，其价值链上存在大量的价值耗损，甚至价值链中断，比如有的人财物投入在某个时间段内没有任何科研成果或经济产出；有的创新成果因为过时、重复甚至错误，不会被转换为技术；有的创新成果由于种种原因被忽视或没有转化为技术等，都会导致农业科研活动价值减损。因此分阶段分析农业科研与农业经济发展的关系显得尤为重要。

第二，农业科研活动价值实现过程中有赖第三方的参与，即在两个阶段中，科研创新阶段活动主体是各类农业科研机构，农业科技成果转化阶段活动主体是企业和农业推广机构，但研究公共农业科研机构绩效问题必须置于对农业科研完整价值链的分析中。

本研究假设：近 30 年，我国公共农业科研投入促进了我国农业生产技术创新和农业经济发展。选择脉冲响应函数来分析中国农业科研投入与农业经济增长之间的作用过程、机制与作用大小。

3.2.1 农业科研投入对农业经济的作用轨迹及方差贡献

由于 DlnARI、DlnAG 均为平稳序列，且存在 Granger 因果关系，因此可以对它们进行 VAR 建模。考虑到本研究目的不是预测，而是分析变量间相互作用原理，这里不对 VAR 估计结果进行讨论，而是在 VAR 模型估计基础上，分析两变量的脉冲响应函数和方差构成。通过滞后结构分析，选择按滞后 1~3 期构建 VAR 模型：

$$
\begin{cases}
\mathrm{DlnAG} = 0.14 \times \mathrm{DlnAG}_{(t-1)} - 0.35 \times \mathrm{DlnAG}_{(t-2)} + 0.67 \times \mathrm{DlnAG}_{(t-3)} + \\
\quad 0.11 \times \mathrm{DlnARI}_{(t-1)} + 0.25 \times \mathrm{DlnARI}_{(t-2)} + 0.20 \times \mathrm{DlnARI}_{(t-3)} - 0.03 \\
\mathrm{DlnARI} = -0.52 \times \mathrm{DlnAG}_{(t-1)} + 0.22 \times \mathrm{DlnAG}_{(t-2)} - 0.25 \times \mathrm{DlnAG}_{(t-3)} + \\
\quad 0.23 \times \mathrm{DlnARI}_{(t-1)} + 0.17 \times \mathrm{DlnARI}_{(t-2)} - 0.29 \times \mathrm{DlnARI}_{(t-3)} + 0.14
\end{cases}
$$

$$(3.3)$$

检验期为 10 期的脉冲响应函数分析结果表明：农业科研投入对农业经济发展有持续正向影响，农业经济发展对农业科研投入有一定负向影响，二者不同程度受到自身的短期影响。

农业科研投入与农业经济发展之间的脉冲响应函数表现为，农业科研投入对第 1 期的农业经济发展没有影响，但对第 2、3、4 期的农业经济发展有持续的正向影响，并在第 3 期和第 4 期达到最大，之后下降到 0 左右波动（见图3-1）。该结论与 Oehmke、吴林海、王建明等的研究结论基本一致。

农业科研投入和农业经济发展对自身的脉冲响应函数表现为，农业科研投入

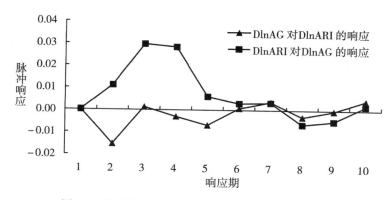

图 3-1　农业科研投入与农业经济发展相互响应路径

对自身第 1 期的影响最强烈，达到 0.1，随后迅速降低，第 4~6 期有一定负向影响，之后趋近于 0；相对而言，农业经济发展对自身的滞后各期的影响则不明显，第 1 期有较强的正向影响，之后各期影响越来越小（见图 3-2）。

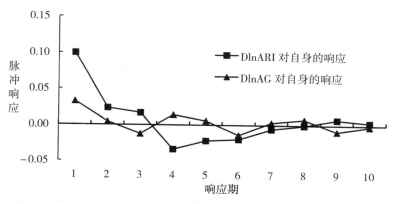

图 3-2　农业科研投入与农业经济发展对自身的响应路径

进一步进行方差分解。图 3-3 为农业经济发展波动的相对方差构成。农业经济发展波动受到自身和农业科研投入的共同影响，其影响过程与强度表现为：第 1 期仅受到自身的影响，第 2 期时农业科研投入的相对方差贡献率为 11.67%，第 3 期迅速增强到 45.35%，第 4 期达到 53.91%，第 5 期之后稳定在约 52%，说明如果农业经济发展波动的方差仅由自身和农业科研投入解释，则二者各能解释约 50%。

图 3-4 为农业科研投入波动的相对方差构成。农业科研投入的波动主要来源于自身影响，其相对方差贡献率约 97%，农业经济发展波动的影响甚微，其相对方差贡献率仅约 3%。

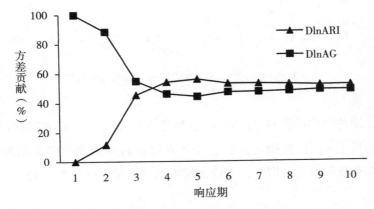

图 3-3　基于农业科研投入的农业经济发展波动的方差构成

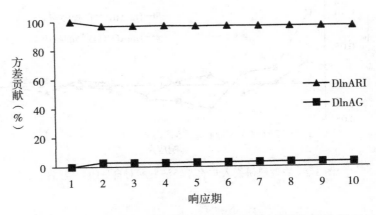

图 3-4　基于农业经济发展的农业科研投入波动的方差构成

脉冲响应函数和方差分解结果表明，农业科研投入在第 2~4 期对农业经济发展产生积极影响，其中第 3 期最大，这与因果分析中滞后 3 期情况下二者存在因果关系的结论一致。农业科研投入对农业经济发展相对方差贡献率约为 50%，说明农业科研投入对农业经济发展的影响与农业经济发展自身的惯性作用影响相当，从这个角度讲，农业科研投入对农业经济发展的贡献非常有限。而农业经济发展基本上对农业科研投入没有影响，说明我们所期望的农业经济发展反哺农业科研的效果还不明显。

3.2.2 农业科研投入对科研成果的作用轨迹及方差贡献

由于农业科研投入与科技成果产出之间无统计意义上的因果关系，因此对平稳系统（DlnARI，DlnRP）按滞后 1～2 期进行 VEC（向量误差修正模型）建模，得到检验期为 10 期的脉冲响应函数（见图 3-5）。

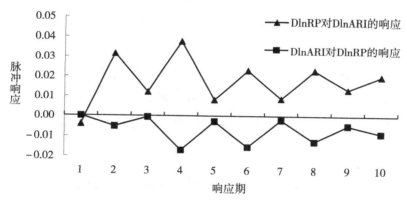

图 3-5 农业科研成果与农业科研投入相互响应路径

农业科研成果对农业科研投入新息的响应、农业科研投入对农业科研成果新息的响应都呈周期性规律，但是作用方向相反。农业科研投入的新息扰动在第 1 期对农业科研成果没有影响，第 2 期迅速增强，第 3 期回落，第 4 期又重回升，在第 8～10 期有收敛趋势，但收敛趋势不明显，这种波动可以解释为随机性波动。科研成果新息扰动对农业科研投入的影响整体为负，第 1、3、5、7、9 期影响接近于 0，第 2、4、6、8、10 期为负，收敛趋势不明显。

方差分解结果（见图 3-6）表明：农业科研成果的变异在第 1 期只受到自身波动的影响，第 2 期时，农业科研投入的方差相对贡献率上升为 18.30%，第 3

期有所下降，第 4 期又有所提高，第 5 期以后基本稳定在 25% 左右。农业科研投入的变异主要受自身的影响。该结果与前面脉冲函数分析的结果基本吻合。

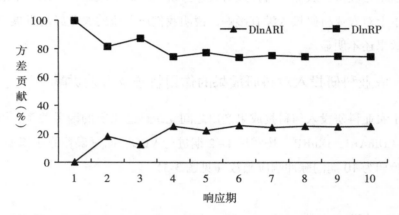

图 3-6　基于农业科研投入的农业科研成果波动的方差构成

脉冲响应函数和方差分解进一步表明，农业科研成果与农业科研投入之间没有明显的关系。虽然脉冲响应函数表明农业科研投入对农业科研成果有一低一高的波浪式影响，即只在 2、4、6、8 期有影响，但这显然没有太大的经济解释意义，可认为是随机误差。

3.2.3　农业科研成果对农业经济的作用轨迹及方差贡献

对平稳且有 Granger 因果关系的系统（DlnAG，DlnRP）按滞后 1~2 期进行 VAR 建模，结果如式（3.4）所示：

$$
\begin{cases}
\text{DlnRP} = -0.47 \times \text{DlnRP}_{(t-1)} + 0.25 \times \text{DlnRP}_{(t-2)} + 0.62 \times \text{DlnAG}_{(t-1)} + \\
\qquad 0.40 \times \text{DlnAG}_{(t-2)} + 0.07 \\
\text{DlnAG} = 0.56 \times \text{DlnRP}_{(t-1)} + 0.48 \times \text{DlnRP}_{(t-2)} + 0.13 \times \text{DlnAG}_{(t-1)} - \\
\qquad 0.55 \times \text{DlnAG}_{(t-2)} - 0.02
\end{cases}
$$

$$(3.4)$$

图 3-7 为农业科研成果与农业经济发展的脉冲响应函数图。农业科研成果的新息扰动在第 1 期对农业经济发展没有影响，第 2 期的影响迅速增强，并达到最

大, 第 3 期有所下降, 第 4 期下降为负, 第 5 期后有持续的弱正向影响; 农业经济发展新息扰动对农业科研成果具有正向影响, 前 3 期均为较强的正向影响, 第 4 期为负, 之后表现出持续的弱正向影响。

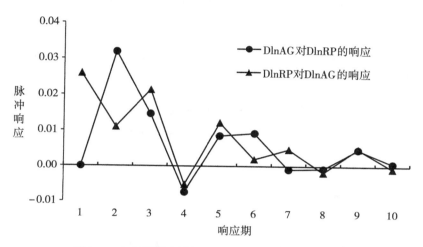

图 3-7　农业科研成果与农业经济发展相互响应路径

图 3-8 为农业科研成果对自身的响应函数图, 农业科研成果对自身影响明显, 从第 1 期开始, 呈现一高一低、一正一负的响应规律, 波动幅度随时间推移逐渐减小。

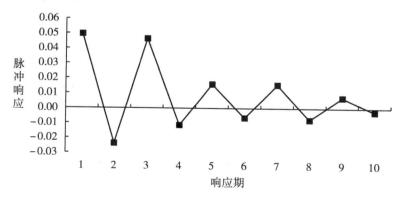

图 3-8　农业科研成果对自身的响应路径

进一步的方差分析表明，总体而言农业经济发展变异中自身的方差贡献为
57%左右，农业科研成果的贡献为 42%左右，其中第 1 期时只受到自身影响，在
第 2 期时科研成果的相对方差贡献率就达到 36.59%，第 3 期后，科研成果对农
业经济发展波动的相对方差贡献率基本稳定在 42%左右（见图 3-9）。

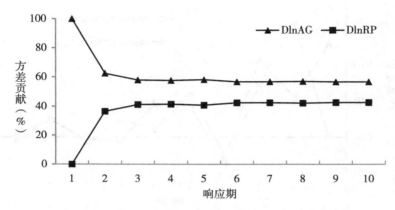

图 3-9 基于农业科研成果的农业经济发展波动的方差构成

农业科研成果的波动主要受自身的影响，其相对方差贡献率约为 85%，农业
经济发展的相对方差贡献率约为 15%（见图 3-10）。

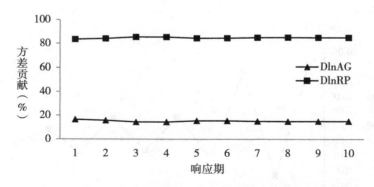

图 3-10 基于农业经济发展的农业科研成果波动的方差构成

脉冲响应函数和方差分解结果表明，农业科研成果对农业经济发展的总贡献

约为42%；农业科研成果在第2～3期对农业经济发展产生较强的积极影响，其中第2期作用最明显，相比农业科研投入对农业经济的作用过程，农业科研成果的作用时间缩短了一期，这一期可由农业科研投入与农业科研成果产出的滞后时期解释。

本章小结

本章基于 Granger 因果关系、脉冲响应函数及方差分解等方法，分析了中国1991—2020年农业科研投入、农业科研成果产出与农业经济发展间的因果关系、相互影响过程、强度和相对方差贡献率。

首先，农业科研投入增长促进了农业经济发展。这种因果关系主要源自农业科研成果与农业经济发展之间的单向因果关系。农业经济发展反哺农业科研的效果不明显。

其次，农业科研投入、农业科研成果对农业经济发展具有滞后的长期正向影响，但贡献率有限，只相当于或不足农业经济发展对其自身的惯性影响。农业科研投入对农业经济发展的影响在滞后3期和4期时达到最大，对农业经济发展波动的相对方差贡献率约为52%。科研成果在第2期和第3期对农业经济发展产生较大影响，其对农业经济发展波动的相对方差贡献率约为42%。

最后，农业科研投入与农业科研成果之间无显著的 Granger 因果关系。出现该现象的原因可能在于：第一，代表农业科研成果的指标为公开发表论文数和申请专利数，是数量指标，而诸如国家重大攻关项目的成果表现中，论文数量不一定很多，但是每一项成果可能都是突破性的、具有重大价值的成果；第二，该时期农业科研投入增幅波动较大，而农业科研工作自身的延续性、循序渐进等规律可能导致投入的随机波动与循序渐进的农业成果产出之间表现出统计上的非因果关系。

4　公共农业科研机构整体绩效动态分析

第 4 章至第 6 章将对近 30 年公共农业科研机构的科研工作绩效进行实证分析，第 4 章分析中国农业科研绩效动态发展变化情况，第 5 章分析农业科研资源在农林院校中的配置效率，第 6 章分析不同地区农业科研绩效及其来自资源禀赋的影响。所采用的模型、变量和数据将在本章统一阐述说明。

4.1　模型、变量与数据

4.1.1　模型选择

1978 年 Chanes 等提出了数据包络分析（data envelopment analysis，DEA）方法。该方法的基本思想是运用线性规划的方法建造一个非参数分段的面（前沿），然后相对这个面计算各个决策单元的效率。DEA 是区分决策单元效率的一种出色工具，它没有固定的函数模型，不考虑误差，不需要价格信息，只要有投入与产出变量就可以估计出多投入多产出决策单元的绩效或效率，因而被广泛适用于非营利组织和国家控制行业。DEA 方法包括两个基本模型，即规模报酬不变模型（C^2R）和规模报酬可变模型（BC^2）。C^2R 模型下估计值为技术效率（TE），是指在相同的产出下生产单元理想的最小可能性投入与实际投入的比率，或在相同的投入下生产单元实际产出与理想的最大可能性产出的比率。BC^2 模型中，技术效率分解为纯技术效率（PE）和规模效率（SE），TE=PE×SE。其中，纯技术效率主要指由管理或技术改进带来的成效；规模效率评价的是投入规模与最优生产规模的差距。

尽管传统数据包络分析方法具有一些参数估计方法不可比拟的优点，但它在小样本情况下，效率估计结果容易产生偏差。Bootstrap-DEA 是一种利用自助法（Bootstrap）对 DEA 估计结果进行修正的方法。Bootstrap 也被称为自助抽样法，由 Bradley Efron 于 1979 年提出，它是一种从给定训练集中有放回的均匀抽样，也就是说，每当选中一个样本，它等可能地被再次选中并被再次添加到训练集中，由此解决总体的样本过少的问题。Simar 和 Wilson 将这种方法首先应用于非参数包络分析中，称为 Bootstrap-DEA，它是一种根据估计边界的抽样变化来分析效率值敏感性的简单方法。

无论是 DEA 还是 Bootstrap-DEA，都没有考虑时间条件的变化因素，如同一单元或不同决策单元在不同时期所处外部环境不同。20 世纪 90 年代末，RolfFare 等人将 Malmquist 指数与 DEA 结合，使得 Malmquist 指数被广泛应用，同时也实现了对效率动态变化的描述。

1. DEA 一般模型

假设有 N 个组织（DMU），每个组织有 K 个投入变量和 M 个产出变量。对于第 i 个组织，它们的投入和产出分别为 X_i 和 Y_i，投入矩阵为 X，产出矩阵为 Y，代表了所有 N 个组织的数据。DEA 的目标就是在数据点的基础上构造一个非参数的包络前沿，使所有的观测数据都在生产前沿上或者下面。

根据规模报酬不变模型，假设所有单位都处于最佳规模状态，其线性规划表达式为：

$$
\begin{aligned}
&\min_{\theta,\lambda}\theta, \\
&\text{st} \quad -y_i + Y\lambda \geqslant 0, \\
&\quad\quad \theta x_i - X\lambda \geqslant 0, \\
&\quad\quad \lambda \geqslant 0,
\end{aligned}
\tag{4.1}
$$

其中 θ 的值就是第 i 个 DMU 的效率值（也称技术效率，记为 TE），λ 是 $N\times1$ 的常数矢量。

Banker，Charnes 和 Cooper（1984）将 DEA 模型从规模报酬不变的情形拓展为规模报酬变化的情形。在（4.1）式中增加凸性约束 $N_1'\lambda = 1$，得到规模报酬可变模型，即：

$$\min_{\theta,\lambda}\theta,$$

$$\text{st} \quad -y_i+Y\lambda \geqslant 0,$$

$$\theta x_i-X\lambda \geqslant 0, \tag{4.2}$$

$$N_1'\lambda = 1$$

$$\lambda \geqslant 0,$$

所得效率值 θ，称为纯技术效率，记为 PE。

若 TE＝PE，证明这个 DMU 规模有效，反之则规模无效。规模效率（SE）可以通过 TE 和 PE 来测算。

TE、PE、SE 的几何定义有如下表达，见图 4-1（Coelli T J，1996）。

假设学校 I 的产出在点 P，在 C^2R 模型里，点 P 的技术无效距离是 PP_C，在 BC^2 模型里，点 P 的技术无效距离是 PP_V，PP_C 与 PP_V 的差 P_CP_V，即为规模无效率。

$$TE_I = AP_C/AP$$

$$PE_I = AP_V/AP$$

$$SE_I = AP_C/AP_V$$

可得，$TE_I = PE_I \times SE_I$

TE、PE 和 SE 均在 0～1。若等于 1，则该 DMU 有效；若小于 1，则该 DMU 有效。

2. Bootstrap-DEA

同样，设有 N 个组织，每个组织有 K 个投入变量和 M 个产出变量。对于第 i 个组织，它们的投入和产出分别为 X_i 和 Y_i，DEA 方法估计的 TE、PE 和 SE 统称效率值 $\hat{\theta}_i$。

根据 1998 年 Simar 和 Wilson 提出的模型，Bootstrap-DEA 方法估计过程如下：

（1）采用 DEA 方法计算每一个决策单元的效率值 $\hat{\theta}_i$，$i=1$，2，…，N；

（2）基于 n 个决策单元的效率值 $\hat{\theta}_i$，$i=1$，2，…，N，使用 Bootstrap 方法产生规模为 n 的随机效率值 θ_{1b}^*，θ_{2b}^*，…，θ_{nb}^*，其中，b 表示使用 Bootstrap 方法的

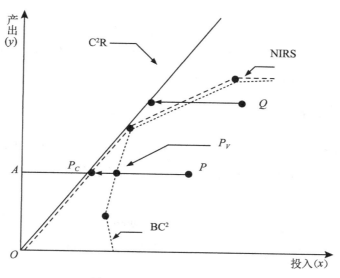

图 4-1 TE、PE 和 SE 的测度

第 b 次迭代；

（3）计算模拟样本（X_{ib}^*，Y_i），$i = 1$，2，$\cdots$，n，其中，$X_{ib}^* = (\hat{\theta}_i / \theta_{nb}^*) \times X_i$，$i = 1$，$2$，$\cdots$，$N$；

（4）利用 DEA 方法计算每一个模拟样本的效率值 $\hat{\theta}_{ib}^*$，$i = 1$，2，$\cdots$，N；

（5）重复步骤（2）至（4）B 次产生一系列效率值 $\hat{\theta}_{ib}^*$，$b = 1$，2，$\cdots$，B。

（6）由于 DEA 方法在样本较少的情况下可能会产生估计偏差，平滑 Bootstrap 分布可以模拟原始样本估计量的分布，修正 DEA 估计偏差：

$$\text{Bias}(\hat{\theta}_i) = E(\hat{\theta}_i) - \hat{\theta}_i$$

$$\text{Bias}(\hat{\theta}_i) = B^{-1} \sum_{b=1}^{B} (\hat{\theta}_{ib}^*) - \hat{\theta}_i$$

Bootstrap-DEA 偏差修正后的效率值为：

$$(\tilde{\theta}_i) = \hat{\theta}_i - \text{Bias}(\hat{\theta}_i) = 2\hat{\theta}_i - B^{-1} \sum_{b=1}^{B} (\hat{\theta}_{ib}^*)$$

置信水平为 α 的置信区间计算如下：

$$P_r(-\hat{b}_\alpha \leqslant \hat{\theta}_{ib}^* - \hat{\theta}_i \leqslant \hat{a}_\alpha) = 1 - \alpha$$

63

$$P_r(-\hat{b}_\alpha \leq \hat{\theta}_i - \theta_i \leq \hat{a}_\alpha) \approx 1 - \alpha$$

$$\hat{\theta}_i + \hat{a}_\alpha \leq \theta_i \leq \hat{\theta}_i + \hat{a}_\alpha \tag{4.3}$$

Bootstrap-DEA 通过 bootstrap 再取样扩大样本，进而对决策单元的效率值进行纠正，一定程度上规避了小样本和随机因素的影响，提高了估计的准确性。

3. DEA-Malmquist 指数

同样，设有 N 个组织，每个组织有 K 个投入变量和 M 个产出变量。对于第 i 个组织，它们的投入和产出分别为 X_i 和 Y_i，第 i 个组织在 t 期的投入和产出分别记为 x_i^t、y_i^t。

在规模报酬不变情况下，令 (x^t, y^t) 在 t 期的距离函数为 $D_c^t(x^t, y^t)$，在 $t+1$ 期的距离函数为 $D_c^{t+1}(x^t, y^t)$。(x^{t+1}, y^{t+1}) 在 t 期的距离函数为 $D_c^t(x^{t+1}, y^{t+1})$，在 $t+1$ 期的距离函数为 $D_c^{t+1}(x^{t+1}, y^{t+1})$。

在规模报酬可变情况下，令 (x^t, y^t) 在 t 期的距离函数为 $D_v^t(x^t, y^t)$，在 $t+1$ 期的距离函数为 $D_v^{t+1}(x^t, y^t)$。(x^{t+1}, y^{t+1}) 在 t 期的距离函数为 $D_v^t(x^{t+1}, y^{t+1})$，在 $t+1$ 期的距离函数为 $D_v^{t+1}(x^{t+1}, y^{t+1})$。

在 t 期技术条件下，从 t 期到 $t+1$ 期技术效率的变化值为：

$$M^t = \frac{D_c^t(x^{t+1}, y^{t+1})}{D_c^t(x^t, y^t)}$$

在 $t+1$ 期技术条件下，从 t 期到 $t+1$ 期技术效率的变化值为：

$$M^{t+1} = \frac{D_c^{t+1}(x^{t+1}, y^{t+1})}{D_c^{t+1}(x^t, y^t)}$$

t 期到 $t+1$ 期生产率的变化则可以通过计算以上两个 Malmquist 生产率指数的几何平均值得到：

$$M(x^t, y^t, x^{t+1}, y^{t+1}) = \sqrt{M^t \times M^{t+1}} = \sqrt{\frac{D_c^t(x^{t+1}, y^{t+1})}{D_c^t(x^t, y^t)} \times \frac{D_c^{t+1}(x^{t+1}, y^{t+1})}{D_c^{t+1}(x^t, y^t)}}$$

根据 1997 年 Ray 和 Desli 提出的 Malmquist 指数分解模型，Malmquist 指数（MI）分解为纯技术效率变化指数（PEC）、规模效率变化指数（SEC）以及技术进步指数（TC），具体分解公式如下：

$$M_{RD}(x^t,\ y^t,\ x^{t+1},\ y^{t+1}) = \frac{D_v^t(x^{t+1},\ y^{t+1})}{D_v^t(x^t,\ y^t)} \times \sqrt{\frac{D_v^t(x^t,\ y^t)}{D_v^{t+1}(x^t,\ y^t)} \times \frac{D_v^t(x^{t+1},\ y^{t+1})}{D_v^{t+1}(x^{t+1},\ y^{t+1})}}$$

$$\times \sqrt{\frac{D_c^t(x^{t+1},\ y^{t+1})/D_v^t(x^{t+1},\ y^{t+1})}{D_c^t(x^t,\ y^t)/D_v^t(x^t,\ y^t)} \times \frac{D_c^{t+1}(x^{t+1},\ y^{t+1})/D_v^{t+1}(x^{t+1},\ y^{t+1})}{D_c^{t+1}(x^t,\ y^t)/D_v^{t+1}(x^t,\ y^t)}}$$

MI>1，表示 Malmquist 指数在 t 到 $t+1$ 期间上升，效率提高；MI＝1，表示 Malmquist 指数在 t 到 $t+1$ 期间不变，效率不变；MI<1，表示 Malmquist 指数在 t 到 $t+1$ 期间降低，效率降低。纯技术效率变化指数、规模效率变化指数以及技术进步指数的解释同理。

相关分析软件为 MaxDEA Ultra，SPSS。

4.1.2 变量与数据

由于不同统计年鉴和汇编资料的统计指标和口径略有差异，公共农业科研机构绩效评价指标需要分农业科研院所和农林院校两类讨论。

1. 农业科研院所科研评估指标及数据

《全国农业科技统计资料汇编》是最全面和权威的关于农业科研院所科研工作统计资料。根据《全国农业科技统计资料汇编》中的指标，结合专家遴选指标，构建农业科研院所科研绩效评价指标体系如下：

投入指标包括科研经费收入、科研活动人员、博士比例、固定资产总值 4 个指标。其中"科研经费收入"和"固定资产总值"两个指标均以 1993 年为基年，以居民消费价格指数为校正指数将不变价转为可比价。

产出指标包括科研出版物数量、专利申请数和社会服务收益 3 个指标。其中"社会服务收益"以 1993 年为基年，以居民消费价格指数为校正指数将不变价转为可比价；根据第 3 章的分析，农业科研收入对第二年的科研成果产出有较明显的影响，因此科研出版物数量、专利申请数均取滞后一年的数据。

实证分析数据均源于 1993—2011 年《全国农业科技统计资料汇编》，其中，2001 年的数据缺失，其数据由 2000 年和 2002 年数据平滑得到，1993 年、1994

年的专利申请数缺失，也系平滑得到。

2. 农林院校科研绩效评估指标及数据

构建农林院校科研绩效评价指标体系如下：

投入指标：科研经费收入、教学与研究人员、科研人员质量（生源质量）、研究生规模；

产出指标：出版物数量、出版物质量（论文他引频次）和社会服务收益。

其中，教学与研究人员、科研经费收入、出版物数量、社会服务收益等指标的数据来源于《高等学校科技统计资料汇编》，其他指标的数据系根据权威网络平台数据整理而得。对部分指标的数据统计说明如下：

①科研经费收入、社会服务收益两个与经费有关的指标，均以 2010 年为基年，以居民消费价格指数为校正指数将不变价转为可比价。

②各高校研究生规模来源于中国教育网公布的数据，取二、三年级研究生当量之和代表当年投入研究工作的研究生规模。

③科研人员质量（生源质量）得分计算参照软科中国大学排名中生源质量计算方法。其中，各高校在各省区市录取人数和分数等数据来源于中国教育在线和高考网，取当年、前一年和后一年的新生质量得分均值代表该年科研人员质量得分。

④出版物质量（论文他引频次）得分用各高校在 *Web of Science* 核心合集上发表的学术论文篇均他引频次得分表示。统计方法参照生源质量计算方法，以 A 校 2010 年论文他引频次得分为例，首先收集 A 校 2010 年在 *Web of Science* 核心合集上发表的论文数量以及 2010 年发表的所有论文在 2010—2015 年内他引频次总和（统计时间为 2023 年 5 月），再计算篇均被引用频次 S；按照同样方法计算清华大学和北京大学两所学校 2010 年论文篇均被引频次，两校的平均值代表 2010 年最高篇均被引频次 M；S/M 即为 A 校 2010 年学术论文质量得分。同理可以计算各校每年的学术论文质量得分。

⑤所有产出变量均滞后一期。

4.2　1993—2011 年农业科研院所科研动态绩效

4.2.1　投入产出特征分析

1. 投入产出发展概况

机构与人力。1993—2011 年中国农业科研院所机构数量整体有所下降，科研活动人员经历了先减后增的过程，博士学位人员有大幅提升。1993 年全国农业科研院所 1142 个，之后逐年下降，到 2002 年为 1096 个，但 2003 年增加到 1170 个，之后又逐年减少，到 2011 年全国农业科研院所机构数为 1068 个。农业科研院所科研活动人员发展分为两阶段，1993—2002 年，全国农业科研院所科研活动人员从 74290 人下降到 53847 人；2003—2011 年，科研活动人员数量又逐渐上升，到 2011 年达到 67686 人。数据分析表明，2002 年是中国农业科研院所发展的一个转折点，之前全国农业科研院所处于体制改革阶段，之后农业科研院所进入稳定发展阶段。

财力投入。1993—2011 年中国农业科研院所科研收入增长迅速。1993 年全国农业科研院所收入 144953 万元，2011 年为 1638903 万元，是 1993 年的 11 倍多（以不变价计算，增长 5 倍多）。农业科研院所科研活动收入年均增长率为 15.93%（不变价计算为 11.15%），科技经费收入年增长率变化较大，最高年份为 32.99%，最低年份为 -1.77%。数据分析表明，1993—2011 年，中国农业科研院所科研经费投入增长迅速，且财政拨款比例越来越大，但年增长率波动幅度较大，投入不够稳定。

物力投入。1993—2011 年中国农业科研院所固定资产总额有大幅增长，尤其是科研仪器设备与图书支出额度增加幅度较大。1993 年，全国农业科研院所固定资产原价 343903 万元，科研仪器设备支出 73688 万元；2011 年，固定资产原价 2033591 万元，科研仪器设备支出 698056 万元，分别年均增长 11.11% 和 14.65%。科研仪器设备及图书支出年增长率波动与财政收入波动并不太一致，科研仪器设备及图书支出波动幅度相对较少，在 2004 年科研收入负增长的情况下，科研仪器设备及图书支出保持了18.42%的增长率，这可能与科研项目实施周期有关。此外，1999年科研仪器设备及图书支出增长率为-8.17%，这可能与当年开始着手科研机构"改、转、并"体制改革，各机构与研究者持观望态度有关。

农业科研产出发展情况。1993年全国农业科研院所发表科技论文14821篇，2011年为29543篇，增长了约99%；专利申请数从1995年的116项增加到2011年的2894项，增加了约2395%；1993年社会服务收益（含技术性收入和经营性收入）为91121万，2011年为319439万（现价），增长了约251%，若以不变价计算则增长了约70%。与财力和物力投入增长情况相比，除专利外，农业科研产出增长幅度不及投入增长幅度大。1993—2011年农业科研投入和产出变量描述统计见表4-1。

表4-1　　　　　**1993—2011年农业科研投入和产出变量描述统计**

	科研经费（亿元）	科研活动人员	博士比例（%）	固定资产（亿元）	科技论文（篇）	专利申请（项）	社会服务收益（亿元）
1993年	10.67	74290	0.3	34.39	14821	—	9.11
…	…	…	…	…	…	…	…
2011年	68.30	67686	7.3	203.36	29543	2894	31.94
平均值	30.06	62094	2.4	88.89	19484	883	19.51
标准差	20.03	5625	2.2	51.14	5108	915	7.26
变异系数	67%	9%	92%	58%	26%	104%	37%

注：数据来源于《全国农业科技统计资料汇编》；1993年和1994年的专利申请数据缺失。

2. 投入产出发展时序特征

若用年增长率来表示各投入产出变量时间序列的波动情况，则1993—2011年农业科研院所的投入产出变化差异较大（见图4-2和图4-3）。

投入因素中，中国农业科研院所的科研活动人员和固定资产变异相对较小，而政府资金、博士比例两个序列变异相对较大。科研活动人员以2002年为界，

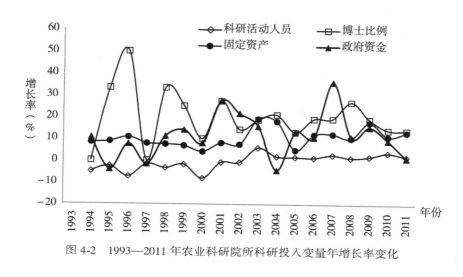

图 4-2　1993—2011 年农业科研院所科研投入变量年增长率变化

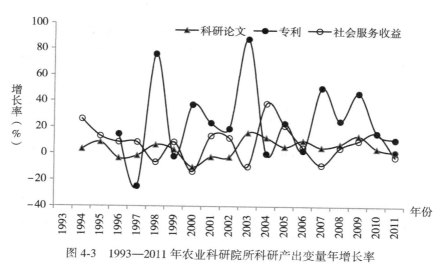

图 4-3　1993—2011 年农业科研院所科研产出变量年增长率

呈现先减后增的特征，整体变异系数为 9%。固定资产年增长率总体呈上升趋势，2003 年前，固定资产年增长率为 7%~8%；2003 年后，年增长率基本在 10% 以上。科研活动人员中博士的比例年均增长率约 20%，该序列的年度变化非常大，变异系数为 92%，最高年增长率为 50%，最低年份为 0 增长。政府资金序列变异系数为 67%，其中 2007 年增长率最高为 36%，同时 1995 年、1997 年、2004 年这三年出现了负增长。

产出因素中，专利产出波动非常大，科研论文产出变化相对较小。1993—2011 年，农业科研院所公开发表的科研论文稳定增长，虽然年增长率有增有减，但是波动范围不大。社会服务收益平均年增长率为 8%，但年际波动较大，相邻两年之间增长率差值平均为 15%。专利申请年均增长率最高，为 25%，但是年际变异波动非常大，相邻两年之间增长率差值平均达 38%。

4.2.2　实证分析

采用 DEA 的多阶段模型和迭代次数为 2000 次的 Bootstrap-DEA 方法，对 1993—2011 年农业科研投入的技术效率、纯技术效率和规模效率进行估计。基于 Bootstrap-DEA 模型的农业科研绩效估计结果见表 4-2。

表 4-2　　　　　基于 Bootstrap-DEA 模型的农业科研绩效估计结果

年份	技术效率	纯技术效率	规模效率
1993	0.973	0.985	0.988
1994	0.974	0.985	0.990
1995	0.973	0.984	0.990
1996	0.982	0.987	0.995
1997	0.975	0.984	0.991
1998	0.974	0.984	0.990
1999	0.873	0.894	0.976
2000	0.919	0.984	0.934
2001	0.932	0.984	0.947
2002	0.964	0.984	0.980
2003	0.984	0.989	0.995
2004	0.974	0.984	0.990
2005	0.974	0.985	0.989
2006	0.984	0.988	0.996

续表

年份	技术效率	纯技术效率	规模效率
2007	0.962	0.971	0.991
2008	0.977	0.986	0.990
2009	0.974	0.984	0.989
2010	0.975	0.984	0.991
平均值	0.964	0.979	0.984

注：因产出滞后 1 期，按投入年份计算，故无 2011 年绩效。

1. 技术效率

DEA 模型下，各年平均技术效率为 0.984，其中 1993—1998 年、2004—2006 年、2008—2010 年等 12 个年份为全效率单元，技术效率最低的单元为 1999 年，效率值为 0.884。

Bootstrap-DEA 模型下，各年平均技术效率为 0.964，无全效率单元。与 DEA 效率相比，Bootstrap-DEA 效率值平均下降 0.020，估计偏差在 0.011～0.027，相对而言，原全效率单元估计偏差更大。技术效率较高的 3 个年份为 2003 年、2006 年、1996 年，分别为 0.984、0.984、0.982；最低的年份为 1999 年、2000 年、2001 年，分别为 0.873、0.919、0.932；2007 年有小幅下跌。

2. 纯技术效率和规模效率

纯技术效率和规模效率是技术效率的分解。校正后的平均纯技术效率为 0.979，规模效率值为 0.984，规模效率略高于纯技术效率。

纯技术效率。1993—2010 年农业科研纯技术效率整体比较稳定，18 个年份中，有 16 年集中在 0.99 左右，纯技术效率在 1999 年有 1 个较深的波谷，2007 年有 1 次小的波谷，2 次波谷与整体技术效率基本一致。各年平均纯技术效率为 0.983，最高为 0.994，最低为 0.894。

规模效率。从规模效率数值看，该时期农业科研规模效率有 1 次波谷，但它与技术效率和纯技术效率的变化不同，它的波谷不是出现在 1999 年或 2007 年，而是 2000 年。1999 年农业科研规模效率开始呈现下滑的趋势，2000 年迅速达到历年最低，2001 年开始回升，到 2002 年恢复到 1998 年的水平，并保持到 2010 年。从规模报酬状态看，有 11 年为规模报酬递减，7 年为规模报酬不变，说明在当前条件下，中国农业科研院所基本处于规模报酬不变或规模报酬递减阶段。

3. 绩效的阶段性特征

图 4-4 为 1993—2010 年全国农业科研院所各年相对绩效水平。1993—2010 年我国农业科研院所科研绩效呈现明显的阶段性特征，整体上农业科研院所科研绩效比较稳定，但在 1999—2002 年有一个较大的下跌过程，2003 年恢复到 1998 年以前的水平。

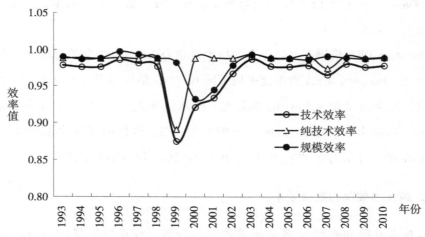

图 4-4   1993—2010 年农业科研技术效率、纯技术效率及规模效率变化趋势图

各年技术效率及其分解指标的分析表明，不同年份技术效率偏低的原因各不相同，有的是纯技术效率偏低导致，有的是规模效率偏低导致。1999 年、2000 年、2001 年、2007 年等技术效率偏低的年份中，1999 年和 2007 年的规模效率较高、纯技术效率较低，即这两年技术无效主要由管理体制、科研制度、研究能力

等因素导致。2000 年和 2001 年的纯技术效率与其他年份相当，但规模效率相对较低，即这两年技术无效的主要原因在于农业科研机构规模或投资规模不当。

农业科研绩效这种动态变化特征可以从如下方面概括：①农业科研院所科研绩效动态变化对应了农业科研体制改革时段，1999—2002 年为农业科研院所"转企、并校、转非"阶段；②2007 年由于规模效率引起的整体技术效率下降，可能是因 2007 年投入骤然增加（环比增长率为 36.22%）引起；③1999 年体制改革提出之际引起的疏于管理等可能是当年纯技术效率突然降低的主要原因，而 2000 年和 2002 年规模效率较低，可能是因为机构调整本身所致。④若假定技术进步大于 1，则除去技术进步因素，1993—2010 年农业科研绩效不升反降。

从以上分析可以得出如下结论：20 世纪 90 年代至 21 世纪初，中国农业科研体制的持续改革，为农业科研系统不断注入新的活力，对保持农业科研投入整体绩效水平发挥了重要作用；但是改革力度和深度还不够，对提升农业科研投入整体绩效水平作用有限；同时，农业科研体制改革本身对农业科研系统造成短期的冲击，影响改革期间的绩效水平。

4.3　2010—2017 年农林院校科研动态绩效

4.3.1　投入产出特征分析

2010—2017 年 47 所农林院校各年整体科研投入产出情况见表 4-3。总体而言，投入指标和产出指标都稳定增长，相比而言，产出的增长更加稳定。投入指标上，研究生规模增长平稳，生源质量相对稳定，但教学与研究人员在 2016 年有一个断崖式下降，科研经费收入在 2011 年增幅较大，但 2012 年为负增长，这个变化主要源自财政拨款的波动。产出指标上，出版物数量和社会服务收益等稳定增长，但论文引用得分在波动中提升，分别在 2011 年和 2015 年有较大幅度下滑。

表 4-3   **2010—2017 年农林院校科研投入产出情况**

年份	教学与研究人员(人)	研究生规模	生源质量	科研经费收入(亿元)	财政拨款(亿元)	出版物数量(滞后1年)	论文引用得分(滞后1年)	社会服务收益(滞后1年)(亿元)
2010	85492	72737	46.13	113.00	82.46	63982	39.72	26.52
2011	87790	75586	46.25	146.96	111.12	71577	36.12	32.07
2012	89812	78263	46.61	138.98	101.34	76087	40.22	35.28
2013	91576	80763	46.95	156.24	114.98	83165	42.85	37.26
2014	93306	83222	47.75	158.98	117.26	93272	44.55	37.38
2015	95102	84829	47.27	160.82	117.35	100423	37.18	37.55
2016	90294	87559	47.16	173.37	127.82	104887	49.53	38.16
2017	91094	90262	46.15	192.02	142.61	116463	48.03	39.79
平均	90558	81653	46.78	155.05	114.37	88732	42.28	35.5

4.3.2 实证分析

运用 DEA- Malmquist 指数方法估计 47 所农林院校 2010—2017 年科研工作动态效率，结果见图 4-5。整体而言，2010 年以来农林院校科研活动效率整体有一定提升。MI 指数平均值 1.020，其中技术效率指数平均值 1.010，技术进步指数平均值 1.012；技术效率指数分解指标中，纯技术效率指数和规模效率指数平均值分别为 1.007 和 1.003。

MI 指数分解的三个效率指标中，技术进步指数变化最大，说明随着时间推移，科研活动生产前沿面发生了变化，在外部技术环境影响下，农林院校科研工作效率有系统性提升；规模效率整体有下降趋势，这说明 2010 年以来农林院校科研人力、物力、财力的增长一定程度上是无效的；纯技术效率表现出在小幅震荡中下行的特点，即纯技术效率增长乏力，

值得注意的是，MI 指数在 2016 年有较大提升，这主要源自规模效率。从表 4-3 可见，2016 年科技活动人员从上一年的 95102 人下降为 90294 人，下降了约 5%，但产出没有大的波动，因此规模效率得到提升。科技工作具有惯性特点，

短期的投入波动不会对短期产出产生显著影响。

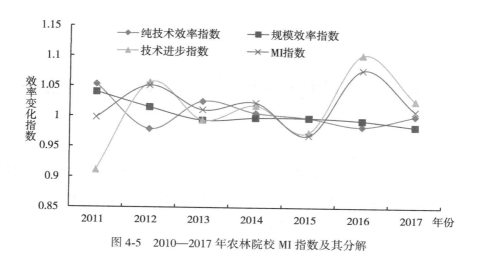

图 4-5 2010—2017 年农林院校 MI 指数及其分解

本章小结

近 30 年农业科研院所科研绩效整体比较稳定。其中较大的波动主要源自改革本身导致的短期震荡，如 1999—2002 年有一个"深井"式的下跌，2007 年的小幅下降以及 2016 年的提升。2010 年以来，农林院校科研绩效变化指数大于 1，其主要贡献源自技术进步带来的系统性提升，这可能与农林高校体制相对稳定，2006 年以后大力推进科教兴国战略，重视农业科技创新工作等外部环境因素有关。

从改革的目的和系统耗散理论角度分析，近 30 年中国农业科研体制的持续改革，为农业科研系统不断注入新的活力，对保持农业科研投入整体绩效水平发挥了重要作用，但是改革力度和深度还不够，对提升农业科研投入整体绩效水平作用有限。

5 农业科研资源在农林院校中的配置效率

本章以 2010—2017 年 47 所农林本科院校（含涉农综合大学）的面板数据为样本，采用 Bootstrap-DEA 方法估计各农林院校科研绩效，并分析不同类型、不同层次农林院校科研绩效差异及其源自科研资源禀赋的差异。

5.1 农林院校科研投入与产出情况

总体而言，47 所农林院校在 2010—2017 年相关投入产出指标具有如下特征：

第一，农林院校科研规模两极化趋势明显。2010—2017 年 47 所农林高校的投入产出情况见表 5-1。数据直观表明：47 所大学之间投入产出规模差异悬殊。投入规模方面，教学与研究人员极大极小值之比为 26.80，科研经费极大极小值之比为 119.03，财政拨款极大极小值之比为 91.52，研究生规模极大极小值之比为 93.96，科研人员质量最高 90 分，最低 19 分。产出规模方面，出版物数量极大极小值之比为 93.62，社会服务收益极大极小值之比为 406.55，出版物质量最高 84 分，最低 20 分。

表 5-1   47 所农林院校科研投入变量基本情况

	N	均值	标准差	极小值	极大值	极大极小值之比
教学与研究人员（人）	47	1933	2721	499	13371	26.80
科研经费（万元）	47	32988	60546	2644	314720	119.03
财政拨款（万元）	47	24334	42996	2243	205282	91.52

续表

	N	均值	标准差	极小值	极大值	极大极小值之比
研究生规模（人）	47	1737	2028	98	9198	93.86
科研人员质量	47	47	16	19	90	4.74
出版物数量（篇）	47	1888	2837	157	14699	93.62
出版物质量	47	42	14	20	84	4.20
社会服务收益（万元）	47	7553	16585	232	94319	406.55

第二，不同类型、地区和层次的农林院校科研投入差异明显。47 所高校中，按类型分，有农林院校 28 所、林业院校 3 所、水产院校 5 所、涉农综合大学 11 所；按照《中国科技统计年鉴》中的地区分类，东部地区 20 所、东北地区 7 所、西部地区 12 所、中部地区 8 所；按层次分，有一流大学 7 所、一流学科大学 13 所，一般本科大学 27 所。

数据指标表明，不同类型、地区和层次的农林院校科研资源规模差异较大（见表 5-2）。涉农综合院校、东部地区农林院校、一流大学院校的科研资源无论在规模上还是在禀赋上都远高于其他类型、地区和层次的院校。此外，不同类型院校中，农林水院校的规模和禀赋差异不大；不同地区农林院校之间，东北地区略优于西部和中部地区；一流学科大学各指标都高于一般本科大学。

表 5-2　　　　　不同类型、地区、层次的农林院校科研投入情况

	学校类型				学校地区				学校层次		
	农	林	水	综合	东部	东北	中部	西部	一流大学	一流学科	一般本科
学校数量	28	3	5	11	20	7	8	12	7	13	27
教学与研究人员（人）	1196	1116	1034	4455	2432	2180	1207	1442	6397	1403	1031
科研经费（亿元）	2.13	1.24	1.72	7.71	5.13	2.61	1.98	1.52	13.42	2.30	1.15

续表

	学校类型				学校地区				学校层次		
	农	林	水	综合	东部	东北	中部	西部	一流大学	一流学科	一般本科
财政拨款（亿元）	1.75	0.86	1.26	5.29	3.81	1.97	1.35	1.13	9.84	1.83	0.81
研究生规模（人）	1195	1221	982	3596	1995	2140	1054	1529	5586	1770	724
科研人员质量	42.48	49.57	44.83	56.57	50.78	48.98	43.57	40.98	74.19	52.54	36.91

第三，不同类型、地区和层次的农林院校科研产出差异明显。不同类型、地区和层次的农林院校科研资源产出规模和质量也存在较大差异（见表5-3）。直观上看，涉农综合院校、东部地区农林院校、一流大学的科研资源无论在规模上还是禀赋上都远高于其他类型、地区和层次的院校。水产海洋类院校、西部院校和一般本科大学的产出规模和质量相对偏低。

表5-3　　　　　　　**不同类型、地区、层次的农林院校科研产出情况**

	学校类型				学校地区				学校层次		
	农	林	水	综合	东部	东北	中部	西部	一流大学	一流学科	一般本科
出版物数量（篇）	1202	1037	832	4376	2519	1818	877	1552	6983	1691	662
出版物质量	40.79	38.52	37.27	49.76	47.75	36.50	42.04	36.67	63.39	45.33	35.33
社会服务收益（万元）	0.33	0.35	0.34	2.14	1.18	0.58	0.54	0.29	3.18	0.35	0.32

以上投入产出指标分析比较表明，农业科研资源在不同类型、地区、层次的农林院校中配置不平衡，不同类型、地区、层次的农林院校科研产出也有较大差

异，直观上投入差异大于产出差异，基于多投入多产出建模分析不同农林院校科研绩效具有现实意义。

5.2 农林院校科研绩效实证分析

5.2.1 基于 Bootstrap-DEA 方法估计的农林院校科研绩效

采用迭代次数为 2000 次的 Bootstrap-DEA 方法，估计两种评价模型下的农林院校科研绩效。模型一采用传统评价指标，包括教学与研究人员、研究生规模、科研经费等 3 个投入指标，出版物数量和社会服务收益等 2 个产出指标。模型二在模型一的基础上增加 1 个投入指标（科研人员质量）和 1 个产出指标（出版物质量）。

47 所农林高校 2010—2017 年科研绩效估计结果见表 5-4。增加质量指标后的模型二的估计结果表明：整体而言，农林高校科研绩效还有较大提升空间（0.849），尤其是纯技术效率（0.886）；不同高校之间绩效差异较大，47 所大学的技术效率值区间为 [0.582, 0.923]，平均值 0.849，其中纯技术效率值区间为 [0.611, 0.944]，平均值 0.886，规模效率值区间为 [0.889, 0.988]，平均值 0.957；47 所农林高校之间的纯技术效率差异大于规模效率差异。

表 5-4　　　　**基于 Bootstrap-DEA 的农林院校科研绩效估计结果**

学校	模型一（增加质量指标前）			模型二（增加质量指标后）			增加质量指标前后序次变化
	技术效率	纯技术效率	规模效率	技术效率	纯技术效率	规模效率	
学校 1	0.384	0.490	0.774	0.902	0.923	0.977	4
学校 2	0.175	0.247	0.691	0.791	0.831	0.951	1
学校 3	0.388	0.568	0.676	0.909	0.920	0.988	11
学校 4	0.292	0.428	0.632	0.878	0.894	0.983	6
学校 5	0.138	0.523	0.256	0.869	0.911	0.953	18
学校 6	0.403	0.556	0.699	0.891	0.912	0.977	−5

学校	模型一（增加质量指标前）			模型二（增加质量指标后）			增加质量指标前后序次变化
	技术效率	纯技术效率	规模效率	技术效率	纯技术效率	规模效率	
学校 7	0.343	0.508	0.665	0.894	0.921	0.970	5
学校 8	0.281	0.836	0.348	0.833	0.938	0.889	−3
学校 9	0.184	0.654	0.276	0.910	0.939	0.969	34
学校 10	0.292	0.437	0.664	0.582	0.611	0.951	−17
学校 11	0.436	0.634	0.666	0.875	0.905	0.966	−12
学校 12	0.224	0.667	0.326	0.848	0.879	0.964	7
学校 13	0.550	0.650	0.838	0.859	0.902	0.953	−22
学校 14	0.088	0.506	0.158	0.798	0.852	0.935	8
学校 15	0.539	0.740	0.712	0.862	0.891	0.965	−19
学校 16	0.246	0.399	0.577	0.815	0.912	0.893	−3
学校 17	0.221	0.469	0.450	0.856	0.885	0.965	9
学校 18	0.201	0.556	0.360	0.747	0.784	0.951	−5
学校 19	0.153	0.471	0.318	0.607	0.677	0.895	−4
学校 20	0.336	0.709	0.463	0.835	0.939	0.890	−10
学校 21	0.427	0.641	0.651	0.847	0.888	0.953	−17
学校 22	0.391	0.713	0.558	0.895	0.921	0.972	−1
学校 23	0.360	0.582	0.546	0.908	0.927	0.979	10
学校 24	0.324	0.727	0.445	0.893	0.940	0.950	7
学校 25	0.290	0.526	0.531	0.884	0.907	0.974	9
学校 26	0.479	0.542	0.881	0.844	0.902	0.937	−22
学校 27	0.307	0.544	0.511	0.810	0.848	0.951	−11
学校 28	0.514	0.759	0.660	0.909	0.926	0.982	0
学校 29	0.446	0.619	0.718	0.839	0.883	0.950	−22
学校 30	0.345	0.587	0.585	0.689	0.738	0.934	−24
学校 31	0.642	0.846	0.762	0.890	0.930	0.956	−18
学校 32	0.538	0.604	0.883	0.754	0.778	0.965	−36
学校 33	0.214	0.854	0.252	0.844	0.931	0.907	7

学校	模型一（增加质量指标前）			模型二（增加质量指标后）			增加质量指标前后序次变化
	技术效率	纯技术效率	规模效率	技术效率	纯技术效率	规模效率	
学校 34	0.276	0.585	0.455	0.920	0.932	0.987	31
学校 35	0.309	0.761	0.391	0.910	0.932	0.976	19
学校 36	0.364	0.581	0.593	0.906	0.933	0.971	7
学校 37	0.358	0.549	0.698	0.920	0.937	0.982	17
学校 38	0.340	0.425	0.798	0.908	0.924	0.983	13
学校 39	0.618	0.688	0.896	0.898	0.924	0.972	−12
学校 40	0.504	0.635	0.793	0.914	0.932	0.981	5
学校 41	0.305	0.371	0.821	0.923	0.944	0.978	27
学校 42	0.127	0.435	0.298	0.815	0.857	0.953	8
学校 43	0.089	0.289	0.300	0.760	0.799	0.953	5
学校 44	0.561	0.593	0.935	0.887	0.922	0.962	−17
学校 45	0.118	0.691	0.171	0.901	0.921	0.978	31
学校 46	0.684	0.715	0.956	0.904	0.927	0.975	−11
学校 47	0.226	0.561	0.402	0.753	0.819	0.917	−8
平均值	0.341	0.585	0.575	0.849	0.886	0.957	—
标准差	0.149	0.135	0.216	0.077	0.071	0.026	—
最大值	0.923	0.944	0.988	0.684	0.854	0.956	—
最小值	0.582	0.611	0.889	0.088	0.247	0.158	—

5.2.2 增加质量指标前后绩效估计差异

增加投入产出质量指标前后，各高校科研绩效估计值和排序均发生了巨大变化。首先，增加质量指标后，无论是整体技术效率还是纯技术效率、规模效率都有非常大的提升；其次，在绩效值排序上，47 所大学中 43 所大学的序次发生了较大变化，9 个单位排名变化 20 个序次以上，16 个单位排名变化 10~19 个序次，15 个单位排名变化 5~9 个序次，7 个单位排名变化在 5 个序次以下。

名次提升的典型单位有：学校 9 从第 40 名上升到第 6 名，上升了 34 个序次；学校 45 从第 45 名上升到第 14 名，上升 31 个序次；学校 34 从第 33 名上升到第 2 名，上升 31 个序次；学校 41 从第 28 名上升到第 1 名，上升 27 个序次。这些学校中，有的学校生源质量相对不太好，但产出超过了同等生源水平的学校；有的学校出版物或研究生虽然不多，但是每篇论文的被引用频次相对其他学校更高。在不考虑生源质量和出版物质量时，这些学校的绩效往往相对被低估。

排名明显下降的有：学校 32 从第 6 名下降到第 42 名，下降 36 个名次；学校 30 从第 21 名下降到第 45 名，下降 24 个名次；学校 13、学校 26、学校 29 均下降了 22 个名次。这类学校在生源质量上占优或在产出的量上占优，但产出质量上不占优，在不考虑生源质量和出版物质量时，这些学校的绩效往往相对被高估。

当然也有名次变化较小的，学校 28 没有变化，学校 2、学校 22 只有 1 个序次的变化。这些学校相对其他学校而言，对产出的质与量适当兼顾，或者产出质量与投入质量相符，因此增加两个质量指标前后的相对排序变化较小。

5.2.3 农林院校科研 MI 指数估计结果

为了观察各农林院校 2010 年以来的绩效水平变化，本研究计算了 47 所农林院校 2010—2017 年的 DEA-Malmquist 指数。结果表明，2010—2017 年农林院校科研绩效整体有提升（见表 5-5），整体效率变化 MI 指数平均值 1.020，其贡献主要源自技术进步指数（1.012），同时个体差异仍然存在（见图 5-2）。

表 5-5 　　　　　　　**2010—2017 年农林院校科研 MI 指数描述统计**

	MI 指数	纯技术效率指数	规模效率指数	技术进步指数
平均值	1.020	1.007	1.003	1.012
标准差	0.037	0.019	0.032	0.019
最大值	1.187	1.078	1.202	1.044
最小值	0.963	0.978	0.973	0.950
极差	0.224	0.100	0.229	0.094

MI 指数最高的 5 所学校中，1 所为东北农业大学，4 所为东部沿海大学，但是考察它们的 Bootstrap-DEA 绩效值排名发现，除 1 所学校外，其他几所学校技术效率都位列 30 名之后；MI 指数最低的 5 所学校中，1 所为东部沿海海洋学校，3 所为中西部农业学校，1 所为东北农业学校，但它们的 Bootstrap-DEA 绩效值排名分布在各个层次水平。这种明显的地域特征说明一个客观现象：东部沿海地区高校越来越汇集了各种优质资源，而东北和中西部地区人才和资源流失严重。

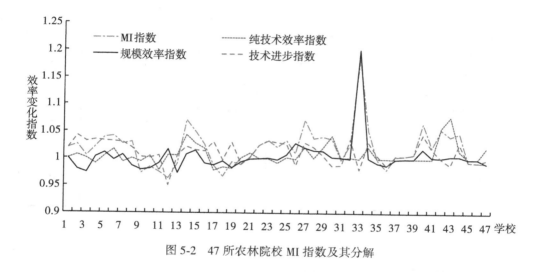

图 5-2 47 所农林院校 MI 指数及其分解

47 所学校中有一所异军突起，MI 指数 1.187，该学校是山东某海洋大学，其纯技术效率指数、规模效率指数和技术进步指数分别为 1、1.202 和 0.98，即其效率提升的主要贡献源于规模效率的提升。考察该校科研投入规模及其在 47 所学校中的排名发现，该校科研规模整体处于中下水平，教学与研究人员年均 513 人（45 名），人均年科研经费 8.4 万元（38 名），生源质量 38.83 分（31 名），年均研究生招生 359 人（41 名）。但这并不能说明规模越小越好，因为其他 MI 指数最高和最低 5 所学校（见表 5-6）并不具有投入规模上的显著特点。

表 5-6   **MI 指数最高（低）5 所学校**

	MI 指数最高 5 所学校					MI 指数最低 5 所学校			
	学校	MI 指数	MI 指数排名	Bootstrap-DEA 排名		学校	MI 指数	MI 指数排名	Bootstrap-DEA 排名
33	大连某海洋大学	1.187	1	31	36	广东某海洋大学	0.98	43	11
27	福建某农林大学	1.072	2	38	11	河南某农业大学	0.975	44	24
14	吉林某农业大学	1.071	3	39	9	甘肃某农业大学	0.973	45	6
40	上海某涉农综合大学	1.065	4	4	18	山西某农业大学	0.967	46	44
42	海南某涉农综合大学	1.054	5	36	12	黑龙江某大学	0.963	47	29

5.3 农林院校科研绩效聚类分析

5.3.1 农林院校科研绩效水平聚类

为考察不同农林院校科研绩效是否存在一些聚类特征，本书采用系统聚类方法，从 3 个维度对 47 所院校进行聚类分析，即以增加质量指标前的 Bootstrap-DEA 效率值、增加质量指标后的 Bootstrap-DEA 效率值、DEA-Malmquist 指数为聚类变量，对全国 47 所农林院校进行聚类。

根据拟合结果，当第一次聚类数为 4 时，再对第一类和第二类进行二次聚类，二次聚类数为 2 时，聚类有较好的区分和解释意义，聚类结果见表 5-7。

表 5-7　　　　　　　　　　农林院校科研绩效水平聚类结果

聚类	绩 效 特 征			高校分类归属
	增加质量指标后的效率值	增加质量指标前的效率值	MI	
一、1	高	较高	高	1 中国农业大学、3 华中农业大学、6 华南农业大学、7 四川农业大学、37 吉林大学、38 兰州大学、41 西南大学、4 南京农业大学、23 青岛农业大学、25 北京林业大学、34 上海海洋大学、22 仲恺农业工程学院、24 江西农业大学、35 浙江海洋大学等 14 所
一、2	三个维度中有一个效率低			16 内蒙古农业大学、17 山东农业大学、27 福建农林大学、36 广东海洋大学、8 北京农学院、20 新疆农业大学等 6 所
二、1	低	低	高	2 西北农林科技大学、14 吉林农业大学、18 山西农业大学、42 海南大学、43 石河子大学、47 宁夏大学、33 大连海洋大学等 7 所
二、2	较高	低	低-较低	5 东北农业大学、9 甘肃农业大学、12 黑龙江八一农垦大学、45 塔里木大学等 4 所
三	较高	高	较高	11 河南农业大学、13 湖南农业大学、15 安徽农业大学、21 云南农业大学、26 东北林业大学、28 浙江农林大学、29 南京林业大学、31 西南林业大学、32 中国海洋大学、39 浙江大学、40 上海交通大学、44 扬州大学、46 长江大学等 13 所
四	低	低-较低	低-较低	30 中南林业科技大学、10 河北农业大学、19 沈阳农业大学等 3 所

第一大类院校：总体绩效水平较高，尤其是数量与质量兼查的评价标准下的效率非常高。其中，中国农业大学、华中农业大学等14所高校被归为一小类，它们增加质量指标前的绩效值、增加质量指标后的绩效值，以及动态MI指数都相对很高；内蒙古农业大学等6所学校被归为一小类，它们在三个绩效维度中有一个维度的效率值偏低，比如山东农业大学、广东海洋大学、新疆农业大学的MI指数小于1，福建农林大学在数量与质量兼查的评价标准下的绩效值比较低。

第二大类院校总体绩效水平较低，但个别维度绩效水平处于较高或高的水平。其中吉林农业大学等7所院校无论数量层面还是质量层面的效率都很低，但是MI指数高，即虽然这些学校由于地域、资源有限等种种原因效率水平偏低，但是努力发展，处于不断进步提升阶段。东北农业大学等4所院校，数量层面的科研绩效水平偏低，但是全指标模型下的科研绩效效率比较高，同时几年来的绩效提升水平有限或者有所退步。

第三大类院校：总体绩效较高，尤其是数量层面绩效水平非常高。共13所大学，包括河南农业大学等4所农业大学，东北林业大学等3所林业大学，1所农林大学浙江农林大学，1所水产大学中国海洋大学，浙江大学、上海交通大学、扬州大学、长江大学等4所涉农综合大学。这些院校在科研数量和质量的选择上相对更重视科研数量。

第四大类院校：总体绩效水平都相对较差。

四大类农林院校中，绩效水平相对较高的类别，如第一类、第三类，没有明显的地区、层次和类型特征；但在绩效水平相对较低的院校中，如第二类、第四类，没有一流大学，少有一流学科大学，少有东部地区大学。可见，农林院校科研绩效一定程度上受限于学校层次定位和所在地区，西部和东北地区大学、一般大学资源禀赋相对较差，要获得与其他地区和高水平院校相同绩效需要付出更多努力。

5.4 资源禀赋对农林高校绩效的影响

在全国农业科研资源非常有限的背景下，不同农林高校获得的科研资源投入规模和强度差异很大，拥有的科研资源禀赋不同，可能对学校科研绩效产生影响。为此，我们计算了绩效值与投入变量的相关系数，并对不同类型、不同层次、不同地区农林高校的绩效和投入变量进行均值检验，以考察科研资源投入规模和强度对科研绩效的影响。

5.4.1 绩效水平与投入规模和强度的关系

教学与研究人员、研究生规模、科研经费收入等变量代表了不同高校的科研投入规模，科研人员质量、人均科研经费代表了不同高校的科研资源投入强度，计算资源投入强度和规模与绩效的皮尔逊相关系数，结果见表5-8。

表 5-8   **农林高校科研投入规模和强度与绩效水平的相关系数**

		教学与研究人员	科研经费收入	研究生规模	科研人员质量	人均科研经费
模型一（增加质量指标前）	技术效率	0.313**	0.352**	0.227	0.270*	0.231
	纯技术效率	−0.049	−0.012	0.141	−0.318**	−0.143
	规模效率	0.388**	0.409**	.334*	0.521**	0.363*
模型二（增加质量指标后）	技术效率	0.190	0.217	0.261*	0.055	0.207
	纯技术效率	0.129	0.148	−0.233	−0.068	0.106
	规模效率	0.251*	0.284*	.471**	0.021	0.174

注：* 表示在90%的置信水平下差异显著；** 表示在95%的置信水平下差异显著；未列出的表示无显著差异。

在偏重考察科研成果数量的绩效评价体系（模型一）下，47所农林高校的投入规模与其技术效率和规模效率正相关，与纯技术效率有弱负相关关系；科研人力投入强度（科研人员质量）与高校技术效率、规模效率有正相关关系，与纯技术效率负相关；财力投入强度（人均科研经费）只与规模效率正相关。在数量与质量兼查的绩效评价体系（模型二）下，各高校的投入规模仅与规模效率正相关，研究生规模与整体技术效率正相关，投入强度与绩效水平无关。

可见，无论是考察量还是数量与质量兼查，在现有的投入规模下，高校的科研人员、经费、研究生等投入规模的扩大对高校规模效率提升有正向促进作用；但是投入规模和强度越大的高校其管理能力和水平反而更低；研究生规模对农林高校科研绩效提升作用大于教学人员规模，这也证明引入研究生规模作为投入指标的意义；投入强度只对提升数量层面的科研绩效有积极作用，对提升质量层面的绩效无甚效果。

5.4.2 不同类型农林高校的资源禀赋和绩效差异

47 所大学中，有农业大学 26 所、林业大学 5 所、水产大学 5 所和涉农综合大学 11 所。对四类大学绩效均值进行单因素方差分析，结果见表 5-9。

在偏重考察科研成果数量的绩效评价体系（模型一）下，林业大学绩效水平显著高于其他三类大学，但在数量与质量兼查的绩效评价体系（模型二）下，林业大学的各项绩效指标均处于较低水平；涉农综合大学，在模型一中的技术效率和纯技术效率处于相对较低水平，但在模型二中显著优于农业、林业大学；农业大学在两个评价模型下都处于较低水平；水产类大学在模型一中绩效水平较低，但在模型二中绩效水平相对较高。不同类型院校在科技工作发展战略方向上显示出了一些差异。

DEA-Malmquist 方法估计下，水产大学的 MI 指数显著高于农业大学；涉农综合大学的纯技术效率变化指数显著高于农业大学；农、林、水、涉农综合四类农林院校之间的规模效率整体在 90% 的置信水平上存在显著差异，其中水产大学显著高于农业大学和涉农综合大学。

对四类大学的投入规模和投入强度均值进行单因素方差分析，结果见表 5-10。不同类型大学投入规模指标中，涉农综合大学的科研人力和财力投入规模都显著高于其他各类大学，农业、林业和水产三类大学之间的投入规模没有显著差异。投入强度指标上，不同大学各有优势，涉农综合大学的科研人员质量显著高于其他各类大学；农业大学的人均科研经费显著高于林业大学和涉农综合大学，但科研人员质量低于林业大学。总体而言，涉农综合大学在科研投入的规模和强度上具有很强的比较优势，农业、林业和水产三类大学相当。

表 5-9　不同类型农林院校科研绩效均值及其差异检验结果

项目	统计量	Bootstrap-DEA（增加质量指标后）				Bootstrap-DEA（增加质量指标前）				DEA-Malmquist			
		农	林	水	综合	农	林	水	综合	农	林	水	综合
单元数		26	5	5	11	26	5	5	11	26	5	5	11
综合技术效率／技术进步	均值	0.839	0.829	0.867	0.871	0.315	0.440	0.340	0.357	1.017	0.999	1.008	1.008
	检验结果	涉农综合大学与农业、林业大学**				林业大学与其他大学**　涉农综合大学与农业大学*							
纯技术效率	均值	0.780	0.766	0.820	0.826	0.535	0.695	0.515	0.643	1.002	1.013	1.005	1.015
	检验结果	涉农综合大学与农业、林业大学*				林业大学与农业、水产大学与农业、涉农综合大学**				农业大学与涉农综合大学**			
规模效率	均值	0.953	0.950	0.961	0.967	0.577	0.624	0.677	0.541	0.996	1.011	1.037	1.002
	检验结果	涉农综合大学与农业、林业大学*				涉农综合大学与农业、水产大学**　林业大学与农业、水产大学**				农业大学与涉农综合大学**　水产大学与涉农综合大学**			
MI指数	均值									1.014	1.023	1.048	1.021
	检验结果									农业大学与水产大学**			

注：* 表示在90%的置信水平下差异显著；** 表示在95%的置信水平下差异显著；未列出的表示无显著差异。

表 5-10 　　　　　　不同类型农林高校投入规模和强度及其差异检验结果

指标	农	林	水	综合	单因素方差分析结论
科研人员质量	42.48	49.57	44.83	56.57	涉农综合大学与其他大学 ** 林业大学与农业大学 **
人均科研经费（万元）	15.77	11.06	14.32	12.11	农业大学与林业、涉农综合大学 **
教学与研究人员（人）	1196	1116	1028	4455	涉农综合大学与其他大学 **
科研经费收入（万元）	2.13	1.24	1.72	7.71	涉农综合大学与其他大学 **
研究生规模（人）	2340	2383	1909	7094	涉农综合大学与其他大学 **

注：* 表示在 90% 的置信水平下差异显著；** 表示在 95% 的置信水平下差异显著；未列出的表示无显著差异。

考察四类大学的绩效水平与所获得的投入规模、强度的关系发现：涉农综合大学投入规模优势转化为绩效的规模优势，投入的科研人员质量优势也转化为绩效优势；林业大学在有限的投入规模下获得了相对很高的数量层面的科研绩效水平，但其科研人员质量的相对优势没有转化为质量层面的绩效水平相对优势。这体现了不同类型院校在科技工作发展战略方向上的差异，涉农综合性大学相对更重视科研成果质量提升，林业大学相对更重视科研成果的数量增长。

动态看，2010 年以来，水产类大学的绩效提升最快，而这种提升主要来自其规模效率的提升。考察其投入要素规模发现，相比农业和林业院校，水产类院校各项投入指标处于中等水平，一定程度上说明各投入要素均衡发展可能为其稳定发展提供了支持。涉农综合大学规模效率变化指数小于 1，可以认为大而全的涉农综合性大学规模效率呈下降趋势，但其纯技术效率变化指数较高，说明涉农综合性大学仍然走在管理改革的前沿。

5.4.3　不同层次农林高校的资源禀赋和绩效差异

47 所大学中，有一流大学 7 所、一流学科大学 13 所、一般大学 27 所，对三个不同层次大学绩效均值进行单因素方差分析，结果见表 5-11。

表5-11　不同层次农林高校科研绩效均值及其差异检验结果

	Bootstrap-DEA（增加质量指标后）			Bootstrap-DEA（增加质量指标前）			DEA-Malmquist		
	一流大学	一流学科大学	一般大学	一流大学	一流学科大学	一般大学	一流大学	一流学科大学	一般大学
单元数	7	13	27	7	13	27	7	13	27
综合技术效率/技术进步　均值	0.870	0.860	0.838	0.417	0.292	0.345	1.023	1.017	1.007
标准差	0.068	0.056	0.088	0.148	0.122	0.157	0.018	0.017	0.020
检验结果	一流大学与一般大学* 一流学科大学与一般大学*			两两之间**			一流大学与一般大学**		
纯技术效率　均值	0.893	0.892	0.881	0.520	0.501	0.642	1.001	1.015	1.004
标准差	0.062	0.043	0.084	0.149	0.094	0.123	0.002	0.026	0.016
检验结果	一流大学与一般大学** 一流学科大学与一般大学**			一般大学与一流大学** 一般大学与一流学科大学**					
规模效率　均值	0.973	0.963	0.949	0.790	0.564	0.525	1.000	1.003	1.005
标准差	0.012	0.021	0.029	0.080	0.206	0.215	0.011	0.012	0.041
检验结果	一流大学与一般大学** 一流学科大学与一般大学**			一流大学与一流学科大学** 一流大学与一般大学**					
MI指数　均值							1.022	1.029	1.016
标准差							0.021	0.018	0.046
检验结果									

注：* 表示在90%的置信水平下差异显著；** 表示在95%的置信水平下差异显著；未列出的表示无显著差异。

91

在偏重考察科研成果数量的绩效评价体系（模型一）下，三个层次农林高校之间绩效存在较大差异：技术效率指标上，一流大学高于一般大学，一般大学高于一流学科大学；纯技术效率指标上，一般大学显著高于一流大学和一流学科大学；规模效率指标上，一流大学高于其他大学。在数量与质量兼查的绩效评价体系（模型二）下：一般大学技术效率和规模效率都低于一流大学、一流学科大学；但纯技术效率无差异。DEA-Malmquist 方法估计下，三个层次农林院校之间的 MI 指数没有显著差异，仅在技术进步指数上，一流大学显著高于一般大学。

对三个不同层次大学的投入规模和强度均值进行单因素方差分析，结果见表5-12：一流大学、一流学科大学、一般大学三类院校科研资源禀赋差异悬殊。除了一般大学与一流学科大学的"教学与研究人员"指标上无显著差异外，其他所有指标上都存在阶梯状差异：一流大学的投入规模和强度显著高于一流学科大学，一流学科大学的投入规模和强度又显著高于一般大学。

表 5-12 不同类型农林高校投入规模和强度及其差异检验结果

指标	一流大学	一流学科大学	一般大学	单因素方差分析结论
科研人员质量	74.19	52.54	36.91	两两之间**
人均科研经费（万元）	23.60	16.27	10.84	两两之间**
教学与研究人员（人）	6396	1403	1030	一流大学与其他大学**
科研经费收入（万元）	134172	23034	11548	两两之间**
研究生规模（人）	32988	11040	3460	两两之间**

注：*表示在90%的置信水平下差异显著；**表示在95%的置信水平下差异显著；未列出的表示无显著差异。

综合分析一流大学、一流学科大学、一般大学三个不同层次大学的绩效差异与其拥有的资源禀赋差异，可以得出以下结论：一流大学的绝对资源优势没有转化为绝对的高绩效水平，虽然无论在数量还是质量层面一流大学绩效水平都最高，但主要贡献来自规模效率；一流学科大学处于发展的上升期，表现出明显的重视科研产出质量、放弃科研产出数量的发展道路，在数量与质量兼查的评价标准下，一流学科大学以绝对弱势的投入规模和强度，获得了与一流大学相当的绩效水平；一般大学在数量层面有较高的绩效水平，主要原因是代表管理水平的技术效率非常高，即一般院校在科研产出数量管理上相对非常有效。

动态地看，2010年以来三类层次农林院校的科研绩效总体都有所提升，一流大学的技术进步指数高于其他大学，这与我国高等教育快速发展过程中作为头雁的一流大学在建设创新型国家背景下绩效有系统性提升的事实相符。

本章小结

本章采用 Bootstrap-DEA 方法，以我国47所农林高校为样本，估算了2010—2017年农林高校科研绩效水平，分析了投入强度和规模对农林高校科研绩效的影响，考察了不同农林高校科研工作发展的战略重点，得到如下结论：

第一，我国农林高校科研绩效尚有较大提升空间。在质量并重的评价体系下，其综合技术效率、纯技术效率和规模效率分别为0.849、0.886、0.957，农林高校科研管理水平和能力的提升显得更加重要。以增加质量指标前后各高校绩效值和 MI 指数为聚类变量，47所农林院校绩效值可以分为五类。不同大学之间，涉农综合大学、一流大学、东部地区大学的绩效水平相对较高，而林业大学、一般大学、东北地区大学的绩效水平相对较低。

第二，传统的依托既有统计资料汇编的科研评价指标体系偏重科研成果产出的数量。引入投入质量（科研人员质量）和产出质量（论文他引频次）两个指标前后，47所大学的绩效值及其排序都发生了重大变化，且整体绩效估计值大幅提升。比较传统的偏重数量的评价体系下的绩效估计值同数量与质量兼查的评价指标体系下的绩效估计值的差异，发现不同高校选择科研发展的战略不同，资源禀赋较差的高校，如中部地区大学、林业类大学、一般大学相对更重视科研成果数量提升；资源禀赋较好的高校，如涉农综合大学、东部地区大学、一流大学则相对更重视科研产出质量管理。评价农林高校科研绩效，包括所有科研绩效评价，都宜数量与质量兼查，否则有失偏颇，误导高校和科研管理部门。

第三，不同农林高校获得的科研资源投入规模差异悬殊，这种差异部分转换为科研规模绩效的差异。47所农林高校的投入规模与规模效率存在显著正相关，进而与整体技术效率正相关；但是投入规模与纯技术效率无关甚至负相关，即具有科研投入规模优势的大学，如涉农综合大学、一流大学、东部地区大学等学科门类更丰富、层次水平更高、经济更发达地区的高校，并未体现出更高的管理能力和水平，甚至更低。

第四，不同农林高校获得的科研资源投入强度差异较大，但对各高校科研绩效的影响有限。整体而言，教学与研究人员质量提高与人均科研经费等投入强度增加只对数量层面的科研绩效有显著影响，对质量层面绩效提升无甚效果；有限影响又主要源自教学与研究人员质量，而非人均科研经费的多寡。一流大学有绝对投入优势，这种优势未转换为绩效优势；东部地区大学有投入强度绝对优势，但绩效水平与西部地区无差异；相比西部地区，东北地区具有科研人员质量优势，中部地区具有人均经费投入优势，但科研绩效并不优于西部。

第五，农林高校2010—2017年绩效整体有提升，各高校之间存在一定差异，差异主要源自规模效率指数。其中，东部地区大学和一流大学的技术进步指数相对较高，这可能与我国在建设创新型国家进程中，东部地区作为先发展地区、一流大学作为头雁拥有良好的外部环境有关。

6　不同地区农业科研机构绩效

　　不同地区农业科研资源禀赋不同，投资重点各有侧重，管理运行模式也各有千秋，本章考察不同地区农业科研投入产出绩效差异。本章将分四个阶段考察不同地区农业科研投入产出绩效差异及其变化（未含我国港澳台地区）。其中，前三个阶段（1993—2011 年）以各省区市农业科研院所为观测样本，各地区农业科研绩效根据所辖农业科研机构绩效统计而得；第四个阶段（2012—2017 年）以农林院校为观测样本，各地区农业科研绩效根据地区所辖农业院校科研绩效（第 5 章实证结果）统计而得。各阶段在地区分类上略有差异，前三个阶段各省区市农业科研机构绩效估计数据来源于《全国农业科技统计资料汇编》，该汇编将全国分为华北、华东、中南、西南、东北和西北等六个不同地区；第四个阶段数据来源于《中国科技统计资料汇编》，该汇编将不同院校划分为东部、东北部、中部和西部四个区域。

6.1　不同省区市农业科研机构绩效估计

6.1.1　各省区市投入产出发展的阶段性特征（1993—2011 年）

　　按农业科研院所体制改革的主要节点，可粗略地把 1993—2011 年农业科研院所改革发展分为 1993—1998 年、1999—2005 年、2006—2011 年三个阶段，来分析农业科研投入产出情况的阶段性特点。

　　农业科研投入。在科技人力资源方面，1993—1998 年，农业科研院所科研活动人员以年均 -4.00% 的比例逐年下降，并持续到 2002 年，之后逐年增长，

1999—2005 年平均年增长率为 -0.10%，2006—2011 年平均年增长率为 2.43%；博士学位科研活动人员增长率比较稳定，三个时段平均年增长率为 20% 左右。科技财力投入方面，以现价计，则三个时段年增长率分别为 14.80%、14.46%、18.44%，呈不断上升趋势；若以可比价计，则 1993—1998 年科研活动经费年均增长率为 4.49%，1999—2005 年年均增长率为 13.12%，2006—2011 年年均增长率为 14.2%。物力资源方面，固定资产原价年增长率呈上升趋势，1993—1998 年最低，科研仪器设备与图书总额的发展变化趋势与科研财力发展变化比较一致。数据分析表明，1999 年后农业科研投入增长速度高于 1999 年前。

农业科研产出。1993—1998 年，全国农业科研院所科技论文、专著均有一定增长，科技论文年均增长率为 2.46%，专著年均增长率为 11.12%，社会服务收益（现价）年均增长率为 9.42%，社会服务收益（可比价）年均增长率为 -0.46%。1999—2005 年，由于国家对专利的重视，专利受理以 29.20% 的年均增长率迅速增长，科技论文增长率也高于前期，社会服务收益增长率为各期最高，按现价计年均增长率为 8.78%，按可比价计年均增长率为 7.50%。2006—2011 年，科技论文年均增长率为 6.07%，专利受理年均增长率为 28.72%，但社会服务收益增长较慢，按现价计年均增长率为 3.49%，按可比价计，则为 -0.20%。总的来看，产出要素的增长率低于投入要素的增长率。数据分析表明，不同时期农业科研院所产出重点不同，1993—1998 年专著方面的产出突出，1999—2005 年社会服务收益突出，2006—2011 年科技论文和专利产出量比较突出。不同阶段农业科研院所科研投入与产出年均增长率见表 6-1。

表 6-1　　　　不同阶段农业科研院所科研投入与产出年均增长率（%）

阶段	科研活动人员	博士	政府资金（现价）	政府资金（可比价）	固定资产原价	科研仪器设备与图书原价	科技论文	专著	专利受理	社会服务收益（现价）	社会服务收益（可比价）
1993—1998 年	-4.00	21.67	14.86	4.49	8.58	6.61	2.46	11.12	8.70	9.42	-0.46

续表

阶段	科研活动人员	博士	政府资金（现价）	政府资金（可比价）	固定资产原价	科研仪器设备与图书原价	科技论文	专著	专利受理	社会服务收益（现价）	社会服务收益（可比价）
1999—2005 年	-0.10	17.26	14.46	13.12	10.13	13.82	2.54	-4.50	29.20	8.78	7.50
2006—2011 年	2.43	18.68	18.44	14.21	12.94	17.45	6.07	4.47	28.72	3.49	-0.20

6.1.2 各省区市农业科研机构绩效估计（1993—2011 年）

采用 Bootstrap-DEA 对三个时段 30 个省区市 1993—2011 年科研绩效进行估计，结果见表 6-2。30 个省区市农业科研绩效水平呈现如下特征：

表 6-2 　　　　　　　　各省区市不同时段农业科研绩效估计结果

省区市	1993—1998 年			1999—2005 年			2006—2011 年		
	技术效率	纯技术效率	规模效率	技术效率	纯技术效率	规模效率	技术效率	纯技术效率	规模效率
北京	0.888	0.877	1.000	0.815	0.824	0.989	0.701	0.782	0.896
天津	0.748	0.775	0.966	0.815	0.828	0.984	0.693	0.782	0.887
河北	0.858	0.863	0.994	0.700	0.702	0.997	0.714	0.719	0.993
山西	0.833	0.834	0.999	0.536	0.535	1.000	0.551	0.593	0.929
内蒙古	0.400	0.432	0.925	0.740	0.756	0.979	0.380	0.416	0.912
辽宁	0.568	0.573	0.992	0.852	0.908	0.939	0.681	0.685	0.995
吉林	0.800	0.824	0.970	0.886	0.861	1.000	0.807	0.831	0.971
黑龙江	0.760	0.786	0.967	0.829	0.875	0.947	0.822	0.887	0.927
上海	0.786	0.801	0.981	0.659	0.670	0.984	0.767	0.806	0.951
江苏	0.786	0.894	0.880	0.852	0.857	0.994	0.778	0.834	0.932

续表

省区市	1993—1998 年			1999—2005 年			2006—2011 年		
	技术效率	纯技术效率	规模效率	技术效率	纯技术效率	规模效率	技术效率	纯技术效率	规模效率
浙江	0.911	0.909	1.000	0.923	0.922	1.000	0.741	0.786	0.942
安徽	0.758	0.871	0.870	0.856	0.855	1.000	0.533	0.541	0.986
福建	0.898	0.926	0.969	0.835	0.836	0.998	0.934	0.925	1.000
江西	0.743	0.777	0.957	0.819	0.824	0.994	0.639	0.742	0.862
山东	0.829	0.830	0.999	0.828	0.821	1.000	0.739	0.804	0.919
河南	0.747	0.776	0.964	0.899	0.890	1.000	0.754	0.814	0.927
湖北	0.704	0.713	0.987	0.642	0.667	0.963	0.831	0.872	0.952
湖南	0.809	0.828	0.976	0.853	0.849	1.004	0.594	0.607	0.980
广东	0.752	0.772	0.974	0.817	0.836	0.978	0.696	0.787	0.883
广西	0.454	0.462	0.982	0.587	0.581	1.000	0.604	0.625	0.966
海南	0.674	0.775	0.869	0.911	0.817	1.000	0.776	0.791	0.980
四川	0.864	0.873	0.990	0.614	0.657	0.935	0.641	0.756	0.847
贵州	0.764	0.790	0.968	0.761	0.755	1.000	0.850	0.852	0.998
云南	0.532	0.552	0.964	0.739	0.912	0.810	0.851	0.834	1.000
西藏	0.776	0.776	1.000	0.809	0.826	0.979	0.353	0.797	0.443
陕西	0.603	0.628	0.960	0.907	0.880	1.000	0.579	0.778	0.744
甘肃	0.866	0.863	1.000	0.877	0.877	1.000	0.802	0.819	0.979
青海	0.774	0.812	0.953	0.872	0.854	1.000	0.937	0.845	1.000
宁夏	0.600	0.716	0.839	0.897	0.829	1.000	0.842	0.876	0.961
新疆	0.658	0.669	0.984	0.684	0.682	1.000	0.677	0.693	0.978
平均值	0.738	0.766	0.963	0.794	0.799	0.993	0.709	0.763	0.929
标准差	0.128	0.126	0.044	0.105	0.100	0.050	0.140	0.112	0.112
最小值	0.400	0.432	0.839	0.536	0.535	0.810	0.353	0.416	0.443
最大值	0.911	0.926	1.000	0.923	0.922	1.000	0.937	0.925	1.000

注：重庆纳入四川计算。

1. 各省区市平均绩效不高

各省区市三个时段平均技术效率分别为 0.738、0.794、0.709，分别为平均纯技术效率分别为 0.766、0.799、0.763，平均规模效率分别为 0.963、0.993、0.929。可见，按当期可达到的最优生产标准，各省区市农业科研绩效整体上有 20%~28%的提升空间；在纯技术效率和规模效率之间，规模效率相对较高，纯技术效率偏低，说明各省区市农业科研绩效较低的主要原因在于管理导致的纯技术无效。

2. 各省区市绩效差异悬殊

各省区市的技术效率、纯技术效率和规模效率差异悬殊。三个时段中，各省区市技术效率最高值分别为 0.911、0.923、0.937，最低的分别为 0.400、0.536、0.353，标准差分别为 0.128、0.105、0.140；各省区市纯技术效率最高值分别为 0.926、0.922、0.925，最低的分别为 0.432、0.535、0.416，标准差分别为 0.126、0.100、0.112；各省区市规模效率最高值均为 1.000，最低的分别为 0.839、0.810、0.443，标准差分别为 0.044、0.050、0.112。

各省区市农业科研绩效差异表现出如下几个特点：①总体而言，各省区市纯技术效率的差异大于规模效率，即差异主要来自纯技术效率的差异；②各省区市差异有进一步扩大趋势，尤其是规模效率，1993—2005 年，各省区市农业科研规模效率差异较小，但在 2006 年后，规模效率变异增大，其中，西藏地区规模效率与其他省区市的差距扩大；③各省区市绩效水平不稳定，基本没有连续三个时段都位列绩效水平前五名的，也没有连续三个时段都位于绩效水平最后五名的。

6.2 不同地区农业科研机构绩效比较分析

6.2.1 农业科研绩效的地区差异（1993—1998 年）

华北地区包括 5 个省区市，华东地区包括 7 个省市、中南地区包括 6 个省份、西南地区包括 4 个省区、西北地区包括 5 个省区、东北地区包括 3 个省份。

六个地区中，1993—1998 年，农业科研整体技术效率最高的是华东地区（0.816），最低的是中南地区（0.690），华东地区和中南地区技术效率差异在90%的置信水平上达到显著水平。纯技术效率最高和最低的分别是华东地区（0.858）和中南地区（0.721），二者差异在 90%的置信水平上达到显著水平，其他地区的技术效率和纯技术效率无显著差异。六个地区的规模效率无显著差异。就各地区内部差异（考察标准差）而言，华北地区各省区市内部差异较大，华东地区内部差异较小。总体而言，数据分析表明，该时段华东地区绩效水平较高，中南地区绩效水平相对较低。

表6-3　　各地区农业科研绩效均值及其差异检验结果（1993—1998 年）

地区	技术效率		纯技术效率		规模效率	
	均值	标准差	均值	标准差	均值	标准差
华北	0.745	0.200	0.756	0.185	0.979	0.035
华东	0.816	0.066	0.858	0.057	0.951	0.054
中南	0.690	0.124	0.721	0.132	0.959	0.045
西南	0.734	0.142	0.748	0.137	0.981	0.017
西北	0.700	0.116	0.738	0.098	0.948	0.064
东北	0.709	0.124	0.728	0.135	0.976	0.014
单因素方差分析结果	华东与中南[*]		华东与中南[*]		—	

注：[*]表示在90%的置信水平下差异显著；[**]表示在95%的置信水平下差异显著；未列出的表示无显著差异。

对六个地区各省区市农业科研投入强度和产出规模与质量均值进行单因素方差分析，结果见表6-4。华东和西南地区在人均科研经费上略有优势但优势不显著，华北地区研究生生师比最高，显著高于其他地区。从产出看，华北和中南地区人均社会服务收益较高，西北地区则非常低；出版物方面，华北和华东地区更优。

表6-4 各地区农业科研投入产出均值及其差异检验结果（1993—1998年）

地区	人均科研经费	研究生生师比	人均社会服务收益	人均出版物
华北	26.30	54.78	35.65	0.29
华东	29.16	35.20	30.11	0.29
中南	23.59	20.47	35.61	0.18
西南	29.26	13.09	12.02	0.18
西北	22.10	18.40	5.82	0.24
东北	27.97	15.59	23.11	0.21
单因素方差检验结果		华北与其他地区**	华北与西北* 中南与西北*	华北与中南、西南** 华东与中南、 西南、东北*

注：* 表示在90%的置信水平下差异显著；** 表示在95%的置信水平下差异显著；未列出的表示无显著差异。

综合分析六个地区各省区市农业科研绩效及投入产出强度差异，可以得出以下结论：1993—1998年，华东地区走在改革前沿，获得较高的纯技术效率；西南地区有相对更多的人均科研经费投入，规模效率最有效；华北地区有较多研究生作为研究的生力军，但总体绩效表现一般。

6.2.2 农业科研绩效的地区差异（1999—2005年）

1999—2005年，华东、华北、中南、西南、西北、东北六个地区间绩效水平差异较大，技术效率、纯技术效率和规模效率各指标都存在地区差异。技术效率较高的三个地区分别为东北（0.856）、西北（0.847）、华东（0.825），较低的三个地区分别为华北（0.721）、西南（0.731）和中南（0.785），其中华北与东北、华北与西北之间的差异在90%的置信水平上达到显著水平。纯技术效率最高的是东北地区（0.881），最低的是华北地区（0.729），二者的差异在95%的置信水平上达到显著水平。规模效率方面，西南地区规模效率最低，与华北在90%的置信水平上存在显著差异，与华东、中南、西北三个地区在95%的置信水平上存在显著差异（见表6-5）。总体而言，数据分析表明，该时期华东地区的农业科研绩效水平有所下降，东北和西北地区的农业科研绩效处于相对较高水平，华北地区的绩效水平整体最低，西南地区的规模效率偏低。

表 6-5　　各地区农业科研绩效均值及其差异检验结果（1999—2005 年）

地区	技术效率		纯技术效率		规模效率	
	均值	标准差	均值	标准差	均值	标准差
华北	0.721	0.115	0.729	0.12	0.990	0.009
华东	0.825	0.081	0.826	0.077	0.997	0.008
中南	0.785	0.137	0.773	0.121	1.000	0.053
西南	0.731	0.083	0.788	0.108	0.933	0.087
西北	0.847	0.092	0.824	0.082	1.000	0.033
东北	0.856	0.029	0.881	0.024	0.972	0.05
单因素方差分析结果	华北与西北、东北*		华北与东北**		西南与华北* 西南与华东、中南、西北**	

注：*表示在 90% 的置信水平下差异显著；**表示在 95% 的置信水平下差异显著；未列出的表示无显著差异。

对该时期六个地区各省区市农业科研投入强度和产出规模与质量均值进行单因素方差分析，结果见表 6-6：各地区的各投入产出指标均有较大水平提升，各地区农业科研投入产出更加分化，比如在人均科研经费投入方面，华东地区遥遥领先，与西南、西北形成显著差异；而西南地区的经费投入相对优势迅速下降；华北地区的投资优势显现，保持了人均社会服务收益的优势。

表 6-6　　各地区农业科研投入产出均值及其差异检验结果（1999—2005 年）

地区	省区市数	人均科研经费	人均研究生配置比	人均社会服务收益	人均出版物
华北	5	87.33	60.53	56.50	0.40
华东	7	98.08	47.77	22.53	0.43
中南	6	55.82	26.84	47.61	0.27

续表

地区	省区市数	人均科研经费	人均研究生配置比	人均社会服务收益	人均出版物
西南	4	63.22	28.72	8.78	0.28
西北	5	51.47	16.49	7.34	0.31
东北	3	60.71	23.20	20.33	0.29
单因素方差分析结果		华东与西南* 华东与西北*	华北与西北** 华北与中南、东北* 华东与西北*	华北与西北*	华东与中南、西南** 华东与西北、东北* 华北与中南*

注：* 表示在90%的置信水平下差异显著；** 表示在95%的置信水平下差异显著；未列出的表示无显著差异。

综合分析六个地区各省区市农业科研绩效及投入产出强度差异，可以得出以下结论：华北、华东地区农业科研资源禀赋增长迅速，但过快的增长过程中管理技术并未跟上，因此绩效水平并不高，尤其是华北地区综合效率显著低于东北、西北地区；西南地区相对效率下降，其规模效率从相对最有效降为相对最无效。可见在改革进程中有的省区市走得太快，但管理跟不上，有的省区市又走得太慢，原本的优势也快速消失。

6.2.3　农业科研绩效的地域差异（2006—2011 年）

2006—2011 年，六个地区之间整体技术效率有一定差异，纯技术差异较大，规模效率无显著差异。技术效率最高的是东北地区（0.770），最低的是华北地区（0.608），内部差异最大的是西南地区，华北地区的技术效率显著低于西北和东北地区。纯技术效率方面，从高到低依次为西南（0.810）、西北（0.802）、东北（0.801）、华东（0.777）、中南（0.749）、华北（0.658）（见表6-7），华北地区的纯技术效率显著低于西南、东北、西北和华东地区。数据分析表明，该时期华北地区技术效率和纯技术效率较低，而东北和西北地区技术效率和纯技术效率较高。西南地区纯技术效率较高，但规模效率仍然较低。

表 6-7   各地区农业科研绩效均值及其差异检验结果 (2006—2011 年)

地区	技术效率		纯技术效率		规模效率	
	均值	标准差	均值	标准差	均值	标准差
华北	0.608	0.143	0.658	0.156	0.923	0.042
华东	0.733	0.124	0.777	0.118	0.943	0.048
中南	0.709	0.096	0.749	0.108	0.948	0.038
西南	0.674	0.236	0.810	0.043	0.827	0.268
西北	0.767	0.141	0.802	0.071	0.954	0.132
东北	0.770	0.077	0.801	0.104	0.964	0.034
单因素方差分析结果	华北和西北、东北*		华北与华东* 华北与西南、 西北、华北**			

注：* 表示在 90% 的置信水平下差异显著；** 表示在 95% 的置信水平下差异显著；未列出的表示无显著差异。

对该时期六个地区各省区市农业科研投入强度和产出规模与质量均值进行单因素方差分析，结果见表 6-8。这一时期，不同地区农业科研禀赋差异进一步扩大，尤其是华东地区无论是经费还是科研人力资源方面都遥遥领先于其他地区，华北地区仍然有相对较高的资源优势；但一直以来差异较大的人均出版物方面，六个地区差距缩小，不再有显著差异。

表 6-8   各地区农业科研投入产出均值及其差异检验结果 (2006—2011)

地区	人均科研经费	人均研究生配置比	人均社会服务收益	人均出版物
华北	159.37	97.45	96.88	0.54
华东	186.19	108.49	43.12	0.58
中南	107.22	65.50	80.35	0.40
西南	111.16	73.34	20.98	0.36

续表

地区	人均科研经费	人均研究生配置比	人均社会服务收益	人均出版物
西北	96.99	56.70	19.77	0.42
东北	111.23	66.12	19.11	0.36
单因素方差 检验结果	华东与中南、西北** 华东与西南、东北*	华东与西北** 华东与中南*	华北与西北*	

注: * 表示在90%的置信水平下差异显著; ** 表示在95%的置信水平下差异显著;未列出的表示无显著差异。

综合分析六个地区各省区市农业科研绩效及投入产出强度差异,可以得出以下结论:各地区之间农业科研资源禀赋差距在不断扩大,资源禀赋最好的华东地区综合效率并不高;而西北和东北地区综合效率相对更高;西南地区的规模效率依然相对最低。

6.2.4 农业科研绩效的地区差异(2012—2017年)

47所大学中,有20所属于东部地区、7所属于东北地区、8所属于中部地区、12所属于西部地区,对不同地区大学绩效均值进行单因素方差分析,结果见表6-9。

在偏重考察科研成果数量的绩效评价体系(模型一)下,四个地区之间的综合效率存在两两间的显著差异,总体而言,四个地区的排序是:中部地区>东部地区>西部地区>东北地区。在数量与质量兼查的绩效评价体系(模型二)下,差异较模型一减少,东部地区整体绩效高于东北地区,中部地区的绩效优势下降。

DEA-Malmquist方法估计下,整体而言,东北地区绩效提升速度最快,高于中部、西部地区。各地区的纯技术效率变化无显著差异;东北地区的规模效率显著高于其他地区,技术进步效率方面,东部地区显著高于其他地区。

对四个地区农林高校的投入规模和投入强度的均值进行单因素方差分析,结果见表6-10。不同地区大学投入规模中,东部地区大学具有绝对的人力和财力投入优势,东北地区具有较强的优势。投入强度上,东部地区仍然具有绝对优势,东北地区生源优势较强,中部地区财力优势较强。

表6-9　不同地区农林院校科研绩效均值及其差异检验结果（2012—2017年）

指标	统计	Bootstrap-DEA（全指标）				Bootstrap-DEA（不含质量指标）				DEA-Malmquist			
		东部	东北	中部	西部	东部	东北	中部	西部	东部	东北	中部	西部
综合效率/技术进步	均值	0.865	0.830	0.843	0.853	0.391	0.243	0.433	0.289	1.020	0.997	1.006	1.001
	标准差	0.098	0.119	0.104	0.090	0.190	0.156	0.194	0.183	0.201	0.040	0.076	0.044
	检验结果	东部与东北**				两两之间**（除中部与东部，东北与西部外）				东部与东北，西部**			
纯技术效率	均值	0.898	0.872	0.879	0.905	0.603	0.589	0.647	0.532	1.008	1.001	1.006	1.012
	标准差	0.088	0.100	0.092	0.073	0.149	0.166	0.126	0.192	0.067	0.084	0.091	0.115
	检验结果	东北与西部** 东北与东部*				东部与西部*（除东部与东北外）				东部与东北，西部**			
规模效率	均值	0.968	0.954	0.962	0.948	0.636	0.426	0.652	0.548	1.004	1.043	1.002	0.994
	标准差	0.044	0.043	0.044	0.056	0.243	0.277	0.212	0.264	0.065	0.135	0.036	0.057
	检验结果	东部与西部** 东部与东北* 中部与西部*				两两之间*（除东部与中部外）				东北与东部，西部** 东北与中部*			
MI指数	均值									1.031	1.038	1.014	1.002
	标准差									0.089	0.106	0.083	0.034
	检验结果									东北与西部*			

注：* 表示在90%的置信水平下差异显著；** 表示在95%的置信水平下差异显著；未列出的表示无显著差异。

106

表6-10　不同地区农林高校投入规模和强度及其差异检验结果（2012—2017年）

	东部	东北	中部	西部	检验结果
科研人员质量	50.88	49.02	43.73	41.05	东部与中部、西部 ** 东北与西部 ** 东北与中部 *
人均科研经费（万元）	18.52	11.32	16.28	9.43	东部与东北、西部 ** 中部与东北、西部 **
教学与研究人员（人）	2449	2186	1212	1455	东部与中部、西部 ** 东北与中部 **
科研经费投入（万元）	53278	27170	20473	15915	东部与其他地区 **
研究生规模（人）	3990	4279	2109	3060	东部与中部、西部 ** 东北与中部、西部 **

注：* 表示在90%的置信水平下差异显著；** 表示在95%的置信水平下差异显著；未列出的表示无显著差异。

综合分析四个地区农林高校的绩效与投入规模和强度的差异，可以得出以下结论：东部地区农林高校投入规模和强度的绝对领先优势，较大程度转换为绩效优势，在科研数量和质量上，东部地区农林高校更重视质量；东北地区农林高校在投入规模和生源质量上具有相对优势，但无论是在偏重数量还是质量兼顾的评价标准下，其绩效水平都最低；中部地区农林高校在产出数量上具有优势；西部地区农林高校在科研质量上略有优势，这或许与教育部"对口支援西部地区高等学校计划"有关，值得探讨。

动态地看，2010年以来，东北地区农林高校的绩效提升最快，而这种提升主要来自其规模效率的提升，与静态效率的相对弱势形成反差，证明了东北地区农林高校的努力及其发展进步态势较好，值得进行经验总结。东部地区农林高校的技术进步效率显著优于其他地区，说明东部地区农林高校在经济社会大环境影响下，效率有系统性的提升。

本章小结

本章分四个阶段分析了近30年不同地区农业科研投入产出绩效差异及其变化，结果表明：

第一，各省区市农业科研存在较大的提升空间。与当期技术条件可达到的最优生产标准相比，各省区市农业科研工作绩效只达到了0.8左右的水平，其主要原因是纯技术效率偏低。说明在现行的条件和管理体制下，各省区市农业科研院所科研低效主要由管理和技术进步等因素导致，农业科研院所系统的管理技术水平改进空间非常大；同时，规模效率下降值得重视，各省区市农业科研人力和财力投入快速增长，但可能受限于管理和研究技术水平，投入边际效益递减，因此管理与技术改革显得更加重要。

第二，不同地区农业科研绩效有较大差异，但并非投入最多的绩效最高。不同省区市间绩效差异显著，但没有持续表现很好或很差的省区市；差异主要表现在管理和技术导致的纯技术效率上。不同地区相比，部分地区存在显著差异，但是并非发达地区或投入最高的地区绩效水平最高。华东、华北地区在农业科研投入与产出绝对量上体现了较强优势，而西北地区农业科研投入与产出均处于弱势，但考虑绩效水平时，则华东和华北地区表现较差，而西北地区却表现更好。

第三，不同地区农林院校绩效水平表现各有优势。中部地区院校在数量上投入产出综合技术效率高，但质量上的投入产出综合效率较低；东部地区院校无论在数量还是质量上的投入产出效率均较高，而且近年来效率提升最快，其效率提升主要源自技术进步，即受外在环境影响导致的系统性提升；西部地区院校数量上的效率较低，但质量上的效率较高；东北地区数量和质量层面的效率都最低，但是近年来的 MI 指数最高，其效率提升因素主要来自规模效率提升。

7 农业科研绩效的公共政策
环境影响及政策建议

第 3 章至第 6 章的分析表明，中国农业科研投入与成果产出关系不够紧密，农业科研投入对农业经济发展的作用有限；各农业科研机构科研绩效有较大提升空间，且无效部分主要是体制、管理和技术等因素导致的纯技术效率偏低；近 30 年农业科研机构绩效没有明显提升，部分省区市农业科研院所和农林院校处于生产规模报酬递减阶段；有限的农业科研资源在各科研机构中配置不均衡，高投入并没有高产出高绩效，这些都表明公共农业科研政策体制改革急需突破。本章从公共政策环境角度讨论影响农业科研绩效的环境因素，并提出政策建议。

7.1 公共政策环境对农业科研绩效的影响

7.1.1 科技体制改革对农业科研绩效的影响

1. 农业科研体制改革对农业科研动态绩效的提升作用有限

改革开放以来，中国科技体制改革与完善从未间断。中国农业科研体制改革紧跟国家科技体制改革步伐，与国家科技体制改革同频共振。其对科研工作绩效的影响体现在两方面：一是重大改革执行期改革本身对科研工作的震荡影响；二是改革的后期效应对科技工作产生促进或制约作用。当然，农业科技体制改革的根本目的是提升农业科研效率和效益。

1985 年中共中央发布《关于科学技术体制改革的决定》，全面启动了科技体制改革，1992 年以后科技体制改革加快步伐，重点是以改革拨款制度、开拓技术市场为突破口，引导科技工作面向经济建设主战场。1993—1998 年，国家放活农业科研机构机制，农业科研效率相对稳定。在该政策影响下，农业科研系统科研人才逐步分流，农业科研人员逐年下降。但由于较好地处理了"稳"与"活"的关系，农业科研效率得以保持。因此，可以说是稳健的改革政策保障了农业科研投入产出效率。

20 世纪 90 年代中后期，农林院校进入高校大合并的浪潮，在体制上是一次非常大的调整，但是被合并农林院校一般都是整建制并入综合性大学，因此调整并未对农业科研工作造成太大影响。

1999—2002 年的改革是近 30 年农业科技体制的最大改革。这轮改革本身对农业科研系统带来的短期震荡不容忽视。1999 年 8 月 20 日发布的《中共中央、国务院关于加强技术创新，发展高科技，实现产业化的决定》，明确提出科研机构企业化转制，促进科技产业化，突出技术创新的作用。同年，中央决定启动新一轮科技体制改革，农业科研院所按照"进入企业、进入大学、转制为企业、转制为中介机构、转制为非营利性科研机构等模式"进行体制改革。2002 年，改革方案尘埃落定，中国农业科学院、中国水产科学研究院、中国热带农业科学研究院等三院所属的 66 个研究所中，22 个转为科技型企业，科研活动人员减少16%。这段时期农业科研系统整体效率滑入低谷，以 1999 年最低。本次改革的初衷是要进行一次突变性的深刻改革，对科研机构、科研人员的观念、心理和行为影响很大。1999 年政策的出台一时间使得部分农业科研工作者无心工作，但是迷惘和躁动之后，他们又逐渐归于平静，继续以前的工作，因此在 1999 年探底后，2000—2002 年又逐步回升。1999 年的低效率可以归因于管理无序导致的纯技术无效率，而之后三年的低效率则可以归结为由机构调整本身导致的规模无效。

1999—2002 的农业科研体制改革没有达到预期效果。改革后，号称有一半以上的机构转制或并轨，但"三院"从业人员却只减少了 2.13%，同时从事科研活动的人员大量减少，从事生产经营活动的人员迅速增长，而众多转制后的事业单位或非营利性组织仍然挂靠原单位。由此可以判断，这一轮改革并不彻底，形式远大于内容，是改革后农业科研绩效并未明显提升的重要原因。

2006 年全国科学技术大会在北京召开，会议部署实施了《国家中长期科学和技术发展规划纲要（2006—2020 年）》。此后，我国农业科研体系相对稳定，农业科技体制改革的重点是增强自主创新能力以及服务经济的能力；公共科研机构资金来源途径稳定并有序增长，农林院校和农业科研院所科研活动人员数量有序增长，这种政策环境对农业科研绩效提升具有积极作用，农林院校 2010—2017 年的绩效增长指数达到 1.02。

以上分析表明，紧跟国家科技体制改革步伐的农业科研体制改革持续开展，为农业科研系统不断注入新的活力，有效地防止了体制长期不变引起的绩效疲软现象，对保持农业科研绩效发挥了重要作用。但是体制改革尚未有效促进绩效创新，说明体制的惯性影响深远，农业科研体制改革还不够深入和彻底，没有达到预期效果。

2. 农业科研机构性质模糊与部分研究者功利化

改革开放前以及改革开放初期，农业科研机构"国有"性质明确，科研经费拨款的计划性强。在市场经济的影响下，为解放农业科研生产力，弥补中央财政的不足，提高职工工资待遇，1985 年后中央允许科研机构从事经营创收为目的的商业活动。农业科研机构也不例外，商业化成为农业科研机构改革的重要特征之一。1992 年，为贯彻国家"稳定一头，放活一片"的科技体制改革方针，原农业部、财政部和原国家科委发布《关于加强农业科研单位科技成果转化工作的意见》，提出提高对加强农业科技成果转化工作重要性的认识，进一步转变农业科研单位运行机制，以市场为导向，加速农业科技成果转化。1999—2002 年的农业科研机构"转、并"分流科技体制改革本意是要明确公共部门、企业、高校在农业科研中的地位和作用，激发农业科研面向市场，提高创新能力，加强技术创新，培育和调动企业参与农业科技创新的积极性。但改革后农业科研机构的公益性并不明确，模糊的性质定位使研究者忽视自己的职责定位，研究问题和内容功利化，这是农业科研对农业经济发展贡献有限的重要原因之一。

第一，财政拨款经费不能保障。政府拨款有限，农业科研公益性单位的公益性地位没有得到财力保障。2020 年，农业农村部属农业科研院所科研收入中政府资金占 86.09%，人均经费 32.15 万元；农业高校科研活动经费中政府资金占

79.30%，人均经费 16.22 万元。而 2007 年美国公共农业科研机构政府资金比例平均为 83.42%，人均经费为 40.17 万美元，其中农业部属科研机构研究经费收入中政府资金占 96.75%，人均经费为 50.76 万美元。

与美国的拨款额度相比，无论是农业科研经费总额还是人均农业科研费用，中国农业科研中政府拨款额度都严重不足（见表 7-1）。同时，还有一个现象值得关注，美国农业部属科研机构科研经费几乎全部来自政府，各州属的政府资金略少一些；中国农业农村部属科研机构获得政府支持比例低于省市属机构，可见国家对农业科研公共部门的公益性定位不明确。若国家将国家级科研机构定位于基础研究和应用基础研究，解决关系国计民生的重大问题的话，则这个比例远远不能满足要求。

表 7-1　　　　　　　　中美公共农业科研机构科研资源比较

机构及归属	科研人员	政府资金比例	政府资金（亿）	人均政府资金（万）
美国，2007 年（美元）				
全国	10053	83.42	40.38	40.17
农业部属	2581	96.75	13.10	50.76
各州属	7472	78.24	27.27	36.50
中国，2020 年（人民币）				
农林院校	62302	79.30	101.07	16.22
全国农业科研院所	57655	86.09	185.36	32.15

数据来源：Alston J M, Andersen M A, James J S, et al. Persistence pays：U. S. agricultural productivity growth and the benefits from public R&D spending ［EB/OL］. http：// www. springer. com/series/6360.

第二，农业科研单位的公益性地位缺乏制度保障。1987 年原国家科委、财政部曾在《关于科学事业费管理的暂行规定》中提出实行科学事业费分类管理，文件指出"从事农业科学研究的科研单位，属于社会公益事业、技术基础、农业科学研究类型"，但很快就被"非营利性机构"的提法替代。直到 2012 年，中共中央、国务院发布的《关于加快推进农业科技创新持续增强农产品供给保障能力的若干意见》才首次明确提出农业科技"具有显著的公共性、基础性、社会性"。随后原农业部于 2013 年出台了《关于促进企业开展农业科技创新的意见》，指出中央、地方农业科研院所和院校与企业要分工协作。但遗憾的是未见对不同机构性质的划分，也未见落实农业科研"公共性、基础性和社会性"的相应制度文件。

第三，商业化活动被默许。2000 年广东省农科院等 3 个单位成为社会公益类研究机构改革试点。2003 年《农业部关于直属科研机构管理体制改革的实施意见》，对"三院"所属研究所按照组建非营利性科研机构、转制为科技型企业、转为农业事业单位、进入大学四种类型优化科技力量布局和科技资源配置。值得注意的是，原来"社会公益性研究机构"提法不再，而是将政府所属科研机构定义为"非营利性科研机构"。非营利性与公益性二者相似，但本质迥异，"非营利性"强调的是不以营利为目的，但是允许机构合理的经营行为，即允许合理的经营收入；而"公益性"则强调资金的来源以政府和捐赠为主，不存在营利行为。此外，农业事业单位挂靠在"非营利性"机构由其管理，进一步默许了这些机构的商业行为。转制后的公益性农业科研单位以及科研人员，在市场的诱惑下不仅没有弱化商业化活动，反而通过各种机制鼓励创收，如在科研经费提成、二级单位福利分配制度等方面。客观上，面对人才流失，经费不足，各农业科研单位不得不通过出售服务与技术来应对财政拨款的消减，提高职工待遇，使之能留在该系统。但是，商业化活动也稀释了机构与研究者在农业研究上的努力，使他们把更多的精力投入商业化的非研究活动中，模糊了公共农业科研单位的"公益性"。

第四，公益性和商业性农业科研活动混淆。私营企业和机构也是农业科研的重要力量，但是公益性与私营机构分工的侧重点不同。发达国家，如美国、日本、法国等，农业科研系统一般由政府设置机构、高等院校和私人企业研究机构组成，且政府所属农业科研机构在农业科研体系中占主导地位。表 7-2 列举了 1981 年和 2000 年主要发达国家和发展中国家农业科研公共与私人支出占比。2000 年，全球各国私人投资农业 R&D 占比平均为 39%，OECD 成员国私人投资农业 R&D 占比平均为 54%，其中美国、日本、德国、英国和法国私人投资农业 R&D 占比分别为 51%、59%、54%、72%、75%，而同期中国私人投资农业 R&D

占比为 4%。私人投资比例非常低，意味着公共农业机构必须承担大部分本可以由私人机构承担的任务，而这些任务市场化或可市场化属性很强，自然导致公共农业科研机构的公益性与商业性并存。胡瑞法等指出，农业科研的商业化活动与企业在农业科研领域形成竞争，阻碍了企业参与农业科技创新的积极性。从这个意义上讲，中国农业科研企业参与率低，与中国农业科研体系中分工不够明确，公共农业科研单位性质不够明确有较大关系。

表 7-2 　　　全球农业科研投入中公共支出与私人支出比例（2000 年）

国家或地区	公共支出（亿美元）	私人支出（亿美元）	私人支出比例（%）
美国	3882.2	4118.8	51
日本	1646.2	2331.8	59
德国	758.2	877.6	54
澳大利亚	588.6	193.9	25
英国	495.5	1244.6	72
加拿大	474.3	244.5	34
法国	341.9	1009.2	75
OECD	10267.6	12184.5	54
巴西	928.8	36.8	4
中国	1762.8	73.5	4
印度	1159.50	128.8	10
发展中国家	10030.7	686.5	6
全球	20298.3	12871.1	39

数据来源：Alston J M，Andersen M A，James J S，et al. Persistence pays：U. S. agricultural productivity growth and the benefits from public R&D spending ［EB/OL］. http://www. springer. com/series/6360.

7.1.2 　农业科技生态环境对农业科研绩效的影响

农业科研绩效不高的问题并非仅是农业科研系统自身问题。农业科研价值链中，各节点的衔接和配合机制不够健全。大量成果不可转化，与农业上中下游产业链不健全有关；大量成果不能转化，与缺乏研究者与企业的交流（交易）平台有关；新成果新技术不能广泛推广使用，与农业技术推广系统不完善和低效率有关。因此，中国农业科研改革还缺乏相关环节的配套改革与支撑。

1. 农科教部分分离导致农业科研供需部分脱节

农业生产、农业科技、农业教育分属不同部门，缺乏有效链接的通道和有机融合机制，很大程度上造成农业科研供需脱节。比较中国和美国农业部机构设置与职能，不难发现中国农业农村部（2018 年前为农业部）在农业生产、科技与教育方面的统筹控制力非常弱，影响了农业科研实效。

第一，中国农业农村部机构设置臃肿，规划研究职能弱化。2018 年前，原农业部下设 20 个内部行政管理部门，47 个事业单位，分管 56 个学会社团。无关机构设置众多，包括影视传媒、农民体育运动中心、干部培训等机构，俨然一个小社会。机构设置分散，仅畜牧兽医方面设有全国畜牧总站（中国饲料工业协会）、中国动物疫病预防控制中心（农业农村部屠宰技术中心）、中国兽医药品监察所（农业农村部兽药评审中心）、中国动物卫生与流行病学中心等 7 个机构；仅影视传媒出版方面设有 "中国农业电影电视中心、农民日报社、中国农业出版社（农村读物出版社）、中国农村杂志社、中国农机安全报社" 等 5 个部门。这必然冲淡农业农村部主体职能，增加内耗，降低合力（2018 年成立农业农村部之后，机构设置已有较大优化）。2018 年国家机构改革后，农业农村部职能有一定程度优化，下设 23 个管理部门、36 个事业单位、若干学会社团。

第二，"农科教融合" 的统筹协调机制尚不完善。产学研结合、农科教融合，是我们一直倡导的理念和努力达到的效果。部分发达国家通过将农业生产、农业科研、农业教育归口于同一部门管理来实现。中国农业农村部主页 "职能配置" 说明中未提及农业科技教育相关职能，农业农村部下设 "科教司" 目前所管理的最重要的科研项目就是 "948 计划" 和 "公益性行业（农业）专项"，它们在农业科研总经费中比例较小；而在教育方面，自 1998 年 6 所原农业部属农业高校转归教育部管理后，农业农村部就主要负责农业技术培训等教育。从官网呈现的内容看，农业农村部更多地界定为服务与政策制定方面，农业农村部对科学研究及其成果关注较少，主页上缺乏科研政策、前沿与成果和教育的版面，在农业农村部负责的"中国农业统计年鉴"中也缺乏农业科研方面的统计数据与文字。这些都一定程度上造成了"农科教融合"的愿景与"产学研分离"的现实之间的矛盾。

2. 农业科技成果转化市场发育不完善

中国农业技术市场欠发达，突出表现在缺乏一个有效的农业科研成果转化平台，直接后果是导致农业科研成果供给与农业生产需求双不足，影响农业科研对农业经济的贡献力。

农业科研成果转化平台缺乏。供需存在脱节，除了传统和体制的因素外，更重要的是农业科研与农业生产之间缺乏沟通、交流与服务平台以及成果转化市场。中国农业科技信息传递主要靠政府科技推广体系及现代广播、电视、网络、图书等媒介。但是，目前中国农业推广系统不完善、人力财力投入不足，电视传播信息有限、网络普及率有待提高、图书信息滞后、广播不再流行，新老传播媒介条件有限，使上游成果难以传送到生产一线。农业技术市场是联系农业科研成果和农业经济生产的纽带，发挥信息传递、定价形成、资源配置等作用。当前中国农业技术成果转化主要依靠政府推动，并不能及时对需求和供给做出反应，导致农业科研工作者与农业生产者信息不完全、不对称。农业科研成果交易虽然存在，但是以个体之间直接交易为主，缺乏成熟的公共服务平台或中介服务机构，以及合理的产权激励机制、技术评估机制、市场监督机制和风险保障机制。农业技术交易风险较大，柠檬市场、逆向选择等现象屡屡出现。

农业科研成果有效供给不足。国家知识产权局发布的《2022 年中国专利调查报告》显示，中国高校发明专利实施率为 16.9%，其中产业化率仅为 3.9%。目前，中国农业科研主要遵循的是"申报——立项——研究——试验——结题与鉴定——报奖"的程序，研究者对如何能立项、如何能结题、如何能评奖等考虑较多，而对成果的实际应用推广价值、如何推广应用等考虑较少。立项时缺乏深入实践的细致调研，而结题后缺乏利益驱动力，导致部分研究和成果与实际脱节，部分成果束之高阁，农业发明专利寿命远低于发达国家。根据中国农业科学院农业知识产权研究中心 2014 年的研究数据，国内农业发明专利平均预期寿命为9.9年，而日本为16.1年，欧洲为15.1年，美国为14.8年，一定程度上说明中国农业发明专利运用能力较低。

农业生产对农业科研成果需求不足。一方面，在观念层面，中国传统小农经济思想主导农业生产，观望、从众、惜本、怕风险等观念根深蒂固，对新事物具有强烈的不信任和排斥感，影响对农业科研新成果技术的接纳与应用。另一方面，在经营层面，农业生产以小规模经营为主，许多生产者没有能力引进先进技术，同时由于农业风险机制建设才刚刚起步，农业生产者投资风险大，制约了农业生产对新成果技术的需求。

3. 成果转化激励与保护政策支持不足

改革开放以来，随着中国科技体制市场化改革，促进科技成果转化的政策取得比较显著效果，但是公共科研部门对科研成果并无市场主体地位。中国《科学技术进步法》将公共财政资助的研究成果产权赋予完成人所在单位，成果发明人拥有成果转化收益，但是在微观操作方面仍然存在一些障碍，表现为：

第一，国有资产管理体制阻碍农业科研成果转化。一方面，《科学技术进步法》《专利法》《关于国家科研计划项目研究成果知识产权管理的若干规定》《关于加强国家科技计划知识产权管理工作的规定》赋予了成果发明人成果转化及其收益的权利，赋予事业单位成果转换的市场主体地位。另一方面根据《事业单位国有资产管理暂行办法》等国有资产管理规定，公共农业科研事业单位不具有完整的科技成果转化权利，包括处置权、收益权、定价权，不得自由参与市场交易，国有企事业单位科技成果属于国有资产，实行三级行政审批，财政部门具有国有资产最终审批权，程序复杂，且与相关规定相悖，为科技成果转化制造了障碍。

第二，科技成果发明人成果转化优先权落实困难，制约了发明人成果转化的积极性。科研事业单位作为公共财政承接单位，享有知识产权的所有权，发明人应得到成果转化部分收益。但是事实上，发明人的收益权往往难以落实，或者收益非常微薄，且程序复杂，责任与事务多，一定程度上打消了发明人成果转化的积极性，同时也部分导致科研工作者不愿意关注研究成果的适用性与可转化性，考虑市场需求不多。

第三，农业科研成果转化条件尚不充分。农业科研成果转化存在中试环节，该环节需要较多的时间和空间条件。长期以来，农业科研中试及基地的设施建设未得到应有重视，农业科研成果转化的中试条件较差，甚至完全不具备中试条件，也缺乏专门的中介机构及风险投资保障机制等，很大程度上造成科技成果转化难的被动局面。同时，成果转化障碍，也与农业科研下游技术研发主体——企业研发机构不成熟，以及政府所属公共科研单位与企业缺乏有效的沟通联系机制有关。

第四，知识产权保护制度不够完善。为了鼓励培育和使用植物新品种，同时为加入世贸组织及与 TRIPS 协议接轨，国务院于 1997 年制定了《中华人民共和国植物新品种保护条例》，2013 年进行了首次修订。原农业部、原林业局于 1999 年先后制定了《中华人民共和国植物新品种保护条例实施细则（农业部分）》《中华人民共和国植物新品种保护条例实施细则（林业部分）》，原农业部还进一步出台了《农业部植物新品种复审委员会审理规定》等规章。这些法规、规章构成了中国植物新品种保护的基本法律制度。但正如王仁富（2011）指出的，中国农业知识产权保护体系存在以下问题：植物品种保护立法亟待完善；动物品种保护未纳入立法范围；缺乏保护生物技术知识产权的专门法律；现行的多头管理体制致使农产品地理标志保护立法存在冲突；农产品商标保护立法不力；缺少一种统一的农业知识产权法律等。从总体上来看，创造、运用、保护和管理等工作相互脱节，知识产权管理并未贯穿农业科研的全过程，极大影响了农业科研成果的可转化率和实际转化率。

7.1.3 有限资源配置对农业科研绩效的影响

农业科研工作效能的充分发挥有赖于农业科研创新能力的充分挖掘，农业科研能力的充分挖掘有赖于充足的人力物力投资。与发达国家或其他农业大国相比，中国农业科研投入不足，而有限的资源也存在一定程度的错配，致使高投入未有相应的高回报。

1. 农业边缘化与农业科研边缘化的长期影响

第一，农业和农业科研处于政策边缘。根据历年来中央关于"三农"的重要政策性文件，分析各阶段农业政策关注的主要问题和重点，可考察农业科研在中国农业发展中的地位。

1978—1984 年，农业政策的重点在于改革农业生产经营方式，重点推进实施了家庭联产承包责任制，为建立家庭联产承包责任制与统分结合的双层经营体制奠定了基础。

1985—1992 年，农业政策的重点在于推进农业产品流通体制改革，以缓解供需矛盾，加快农业产业结构调整。

1992—1998 年，农业政策的重点是推进农业产业化经营，建立健全农业社会化服务体系。1993 年 11 月印发的《中共中央关于建立社会主义市场经济体制若干问题的决定》提出，促进农业专业化、商品化、社会化，发展各种形式的贸工农一体化经营。其间，农业科研受到较大影响，农业科研人员大量流失，《中共中央、国务院关于做好 1995 年农业和农村工作的意见》指出要"稳定农业科技队伍，切实强化科教兴农"。

1998—2003 年，农业政策的重点是农业基础设施建设与农业生态发展。以 1998 年印发的《中共中央关于农业和农村工作若干重大问题的决定》为标志，基础设施建设成为农业发展的重点工程。之后，1999—2003 年的中共中央国务院关于做好农业和农村工作的相关文件，均聚焦于加强农业基础设施建设，保护耕地，改善农业生态环境，改善农民生产生活条件等。

2004 年至今，农业政策的重点是提升农业综合生产力和农村农民生活水平。中共中央国务院连续 21 个文件聚焦"三农"（见表 7-3），一年一个主题。2004 年、2005 年、2009 年的主题是"支农，促进农民增收"；2006—2011 年围绕建设"社会主义新农村"展开；2012 年首次聚焦"农业科技创新"，之后几年到 2017 年，围绕的中心工作是"农业经济和农业现代化"；2018 年提出乡村振兴，并成为近年来的主题。

从前面政策性文件梳理可见：21 个中央一号文件主题在变化，关注焦点发展历程是"农民——农村——农业——三农综合"，焦点的变化直接影响政策和财政投资方向。事实上，对于农业科技工作，在改革开放后的农业政策中，虽然在有关农业和农村发展的主题中会涉及农业科技，但是直到 2012 年才真正聚焦农业科技问题。2012 年前农业科研一直处于中国农业发展与改革的边缘地带，影响了各级政府部门、社会各方面对农业科技的重视程度，影响了农业科研的投入强度和改革的推进力度。

表 7-3　　　　　　　　　　　**2004—2024 年中央一号文件主题**

年份	文　件	主　题
2004	《关于促进农民增加收入若干政策的意见》	促进农民增加收入
2005	《关于进一步加强农村工作提高农业综合生产能力若干政策的意见》	提高农业综合生产能力
2006	《关于推进社会主义新农村建设的若干意见》	社会主义新农村建设
2007	《关于积极发展现代农业扎实推进社会主义新农村建设的若干意见》	积极发展现代农业
2008	《关于切实加强农业基础建设进一步促进农业发展农民增收的若干意见》	加强农业基础建设，加大"三农"投入
2009	《关于促进农业稳定发展农民持续增收的若干意见》	促进农业稳定发展农民持续增收
2010	《关于加大统筹城乡发展力度进一步夯实农业农村发展基础的若干意见》	在统筹城乡发展中加大强农惠农力度
2011	《关于加快水利改革发展的决定》	加快水利改革发展
2012	《关于加快推进农业科技创新持续增强农产品供给保障能力的若干意见》	加快推进农业科技创新
2013	《关于加快发展现代农业进一步增强农村发展活力的若干意见》	进一步增强农村发展活力
2014	《关于全面深化农村改革加快推进农业现代化的若干意见》	全面深化农村改革
2015	《关于加大改革创新力度加快农业现代化建设的若干意见》	农业新常态

续表

年份	文　件	主　题
2016	《关于落实发展新理念加快农业现代化实现全面小康目标的若干意见》	用发展新理念破解"三农"新难题
2017	《关于深入推进农业供给侧结构性改革加快培育农业农村发展新动能的若干意见》	推进农业供给侧结构性改革
2018	《关于实施乡村振兴战略的意见》	对乡村振兴进行战略部署
2019	《关于坚持农业农村优先发展 做好"三农"工作的若干意见》	坚持农业农村优先发展
2020	《关于抓好"三农"领域重点工作确保如期实现全面小康的意见》	脱贫攻坚战收官之年
2021	《关于全面推进乡村振兴加快农业农村现代化的意见》	全面推进乡村振兴
2022	《关于做好2022年全面推进乡村振兴重点工作的意见》	全面推进乡村振兴重点工作
2023	《关于做好2023年全面推进乡村振兴重点工作的意见》	全面推进乡村振兴重点工作
2024	《关于学习运用"千村示范、万村整治"工作经验有力有效推进乡村全面振兴的意见》	有力有效推进乡村全面振兴

第二，农业科技在全国科技工作中处于弱势。发达国家的农业科研强度一般不低于全国科研投资强度水平。根据黄季焜等人的研究，20 世纪 90 年代中期日本政府投资科研的强度为 2.8~2.9，而农业科技投资强度高达 3.4；英国政府投资科研的强度为 2.05，农业科技约为 2.29；法国、德国和美国两者相当，约为 2~2.5。可见，发达国家对农业及农业科研的重视程度。

我国农业科研投入强度远低于全国科研投资平均水平。如图 7-1 所示，近 30 年，我国农业科研投入强度一直低于全国 R&D 投入强度，而且差距越来越大。2020 年，全国科研投入强度（R&D 经费内部支出占 GDP 的百分比）为 2.40，

是农业科研投资强度的 7.81 倍。我国农业科研在全国科研工作中的特殊公共性
与基础性不但没有体现，反而成为被忽视的对象，若按全国科研投入强度，则农
业科研投入需增加约一倍。

图 7-1　1991—2020 年全国 R&D 与农业科研投入强度

在全国高校科研投资中农业科研公共性也不明显。对 2020 年全国农林、综
合、工科、医药、师范各类院校科研经费及其来源结构（见表 7-4）的比较分析
表明，全国农林院校科研经费中政府资金占总收入的 79.30%，高于其他类院校，
凸显了农业科研特殊的"三性"；农林院校人均科研经费 20.46 万元，低于综合
大学（24.84 万元）和工科院校（29.09 万元），处于全国平均水平，从这个角
度看，农业科研的"三性"没有得到充分体现。

表 7-4　　　　　　　　**2020 年各类高校科研活动经费来源结构**

类型	科研人员	科研活动收入（亿元）	财政拨款（亿元）	财政拨款比例（%）	人均科研经费（万元）	人均财政科研资金（万元）
农林院校	62302	127.46	102.08	79.30	20.46	16.22
综合大学	376470	935.14	639.90	68.43	24.84	17.00

续表

类型	科研人员	科研活动收入（亿元）	财政拨款（亿元）	财政拨款比例（%）	人均科研经费（万元）	人均财政科研资金（万元）
工科院校	409738	1191.87	698.40	58.60	29.09	17.05
医药院校	308453	173.52	127.48	73.47	5.63	4.13
师范院校	77104	126.60	77.84	61.48	16.42	10.10
其他	34903	23.65	14.78	62.49	6.78	4.23
合计	1268970	2578.24	1660.48	64.40	20.32	13.09

注：农林院校不含涉农综合大学，含农林高等专科学校。

数据来源：中华人民共和国教育部科学技术与信息化司.2021年高等学校科技统计资料汇编.北京：高等教育出版社，2022.

2. 农业科研投入严重不足

农业科研投入强度不足不仅表现为农业科研投入占全国 GDP 或农业 GDP 的比例较低，还突出表现为农业科研人员基本费用严重不足。

（1）农业科研费用缺口较大。2020 年中国公共农业科研机构科研人员人均科研经费为 28.57 万元；而 2007 年，美国公共农业科研机构的科研收入（不含推广）为 48.40 亿美元，平均每位农业科研人员科研经费为 48.15 万美元。2020年中国农业从业人员人头科研经费为 356.97 元，每英亩农业用地科研支出为 152.79 万元；2005 年美国农业从业人员人头科研经费为 1281.24 美元，每英亩农业用地科研支出为 2542.92 万美元（见表 7-5）。可见与发达国家相比，中国农业科研投入缺口非常大。

表 7-5   中美农业科研财政投入力度比较

	美国（2000 年价格，美元）			中国（人民币）			
	1990 年	2005 年	2007 年	1993 年	2000 年	2011 年	2020 年
科研人员人均经费			481500	13300	45200	197400	285746

123

续表

	美国（2000 年价格，美元）			中国（人民币）			
	1990 年	2005 年	2007 年	1993 年	2000 年	2011 年	2020 年
农业科研经费/农业人员	662.79	1281.24		4.72	12.21	101.45	356.97
农业科研支出/每英亩	2060.37 万	2542.92 万		27.51 万	66.38 万	64.77 万	152.79 万

数据来源：Alston J M, Andersen M A, James J S, et al. Persistence pays：U. S. agricultural productivity growth and the benefits from public R&D spending ［EB/OL］. http：//www. springer. com/series/6360.

②与发达国家差距很大。与发达国家相比，中国农业科研投入绝对强度和相对强度严重不足。如表 7-6 所示，根据 Alston 等人的研究，1981 年、2000 年中国农业科研投入强度分别为 0.41、0.40，远低于发达国家，甚至低于发展中国家。胡瑞法等研究表明，2005 年中国农业科研投入强度为 0.53。按本书研究，2020年中国公共农业科研投入强度为 0.31，与全球公共农业科研投入强度的差距依然非常大。公共农业科研支出的绝对数量上，2000 年，美国农业 R&D 公共支出为3882.2 亿美元，日本为 1646.2 亿美元，而作为农业大国的中国为 1762.8 亿美元，只相当于日本的支出。

表 7-6   全球农业科研投入强度对比

国家或地区	1981 年		2000 年	
	公共农业科研支出（亿美元）	占农业 GDP 的比例（%）	公共农业科研支出（亿美元）	占农业 GDP 的比例（%）
美国	2568.7	1.68	3882.2	2.65
日本	1821.30	2.64	1646.2	3.62
德国	547.4	1.85	758.2	3.22
澳大利亚	522	3.36	588.6	3.38
英国	533.4	3.08	495.5	3.57

续表

国家或地区	1981 年		2000 年	
	公共农业科研支出（亿美元）	占农业 GDP 的比例（%）	公共农业科研支出（亿美元）	占农业 GDP 的比例（%）
加拿大	520.7	2.54	474.3	2.54
法国	478.5	1.17	341.9	0.91
OECD	8339.8	1.62	10267.6	2.36
巴西	628.0	0.91	928.8	1.43
中国	586.9	0.41	1762.8	0.40
印度	332.4	0.18	1159.50	0.34
发展中国家	5903.2	0.49	10030.7	0.50
全球	14243.00	0.84	20298.3	0.84

数据来源：Alston J M, Andersen M A, James J S, et al. Persistence pays：U. S. agricultural productivity growth and the benefits from public R&D spending ［EB/OL］. http：//www. springer. com/series/6360.

3. 科研投入分配机制带来的耗损

如果把科研投入分为提高生产力型和维持生产力型，则我国农业科研投入基本属于维持生产力型，投入不足与资源分配不均衡共同制约了公共农业科研机构科研投入产出绩效提升。

①经费投入稳定性不足。近 30 年，我国农业科研投入增长迅速，但同时存在投入强度和绝对值增幅不稳定等现象。

科研财政投入强度波动。如图 7-1 所示，1991—2020 年，农业科研财政投入强度波动频繁，波幅较大，最低为 0.11，最高为 0.33。1992—2006 年有一次长时间大幅下降，从 0.26 下降到 0.12，到 2010 年左右才恢复到原来的水平，之后十年呈稳定上升态势。

科研经费绝对数量波动频繁。如图 7-2 所示，农林院校科研经费年增长率最高的为 47% 以上（2000 年），1997 年、1999 年、2004、2010 年均达到 30% 以上。

同时，农林院校在 1993 年、1994 年、2011 年、2020 年出现了负增长，最高达 −15.94%。农业科研院所科研经费变化情况类似。

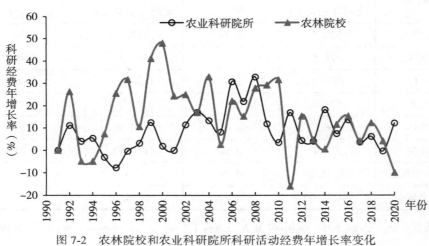

图 7-2　农林院校和农业科研院所科研活动经费年增长率变化

　　经费支出结构波动较大。1991—2020 年，农业科研院所科研经费投入统计口径发生了较大变化，1991 年分为事业费、科技专项费、基金和其他等类，2000年分为财政补助、承担政府项目和其他等类，2011 年分为财政拨款、承担政府项目和其他等类。农林院校统计口径相对稳定，但是构成比例波动非常大，不计 1999 年农业院所归属变化引起的拨款波动，科研事业费年增长率波动范围在 −48.26%～115.40%，主管部门专项费年增长率波动范围在 −19.99%～158.83%，其他政府部门专项费年增长率处于 −13.20%～61.63%。

　　农业科研经费数量和结构欠稳定，不仅不符合科学研究渐进性和持续性规律，而且对研究机构和研究者决策产生干扰，不利于研究者从事研究工作，也不利于科研的可持续、稳定发展，降低了农业科研投入效益。这可以解释前面的实证结论。第 3 章研究表明农业科研财政投入与农业科研成果之间无显著的 Granger 因果关系。在第 4 章和第 5 章的绩效评价结果中，高投入的年份往往对应低效率，如 2007 年农业科研绩效有一次下跌，可能是因为 2007 年财政投入陡然大幅上升而产出未同比上升；同理，2004 年虽然财政投入降低了 4.37%，科研产出并未同比下降，因而效率却反而提高了。因为科研人力资源数量和质量难以在短期改变，不会由于投入突然增加而增加科研产出（科研经费严重不足例外）。

②竞争性经费与专项经费比例过高。改革开放后，科技财政投入改革最重要的特点是投入方式和分配方式的变化，表现为竞争制度的引入、薪酬制度的改革、投资途径多元化等三大特点。一是竞争制度的引入，1985年，科技体制改革的最大特点是，从平均分配向以竞争为基础的拨款方式转变，国家鼓励农业科研机构和研究者积极申请国家自然科学基金以及原农业部等其他政府部门的项目，到1997年，几乎所有的项目均是通过竞争方式获得。二是薪酬制度的改革，研究者薪金从由财政支出转为大部分来源于项目收入。其支持者认为它改善了研究环境，调动了研究者积极性；反对者认为它削弱了研究机构科研经费使用的自主权，使研究者功利化。三是投资渠道多元化，政府投资比例逐渐降低，各科研单位通过服务市场，提供技术服务弥补政府财政拨款的不足。在这些改革中，农业科研单位没有任何特殊性。

竞争性拨款虽然有固定拨款不可比拟的优势，能使研究对需求更具有响应性和灵活性，通过公开竞争把经费分配给最有能力的研究者，让研究资源取得最大收益，能一定程度上有效平衡和补充其他拨款方式。其缺点也特别突出：如申请经费耗时且成本高，同行评审很容易变成关系照顾等。

因此，许多国家农业科研财政拨款主要以非竞争方式划拨。如2007年美国农业部拨付给各州农业科研机构和高校的经费中，按公式拨款的占37.5%，竞争性经费占14.8%，专项经费占14.2%，其他占33.5%；拨付给农业部属科研机构的经费中，一揽子拨款占95.5%，合约拨款占0.4%，其他占4.10%（见表7-7）一般地，研究者只需要一个立项报告（五年规划），然后政府就会拨款，五年后进行一次考核。

表7-7　　　美国农业部投资公共农业科研机构的方式（2007年）

各州农业科研机构和高校经费构成		农业部属科研机构经费构成	
公式拨款	37.5%	一揽子拨款	95.50%
竞争性经费	14.8%	合约拨款	0.40%

续表

各州农业科研机构和高校经费构成		农业部属科研机构经费构成	
专项经费	14.2%	其他	4.10%
其他	33.5%	总计	100%
总计	100%		

数据来源：Alston J M, Andersen M A, James J S, et al. Persistence pays：U. S. agricultural productivity growth and the benefits from public R&D spending ［EB/OL］. http：//www. springer. com/series/6360.

近年来，我国农业科研机构经费来源中，竞争性经费和专项经费比例呈逐渐增加的趋势。农业科研院所在 1991 年、2000 年、2020 年的竞争性项目经费比例分别为 87.61%、78.65%、92.22%。黄季焜、胡瑞法等指出"七五"至"十五"四个五年规划的农业科研投入中竞争性投入比例实际年增长率分别为 2.9%、5.5%、15%、7%。

农林院校竞争性科研经费比例更高，绝大部分经费均是通过项目竞争获得。以某一流学科大学为例，2020 年该校获得科研经费收入 5.09 亿元，其中政府资金 4.49 亿元，占 88.21%；政府资金中中央高校基本科研业务费共 0.22 亿元，占政府资金的 4.90%，科研基地建设费 0.26 亿元，占政府资金的 5.79%，各类项目经费 3.31 亿元，占政府资金的 73.72%。几乎所有项目，无论是"863 计划""849 计划"，无论是"公益性行业专项""农业财政项目"还是"国家现代农业产业技术体系"和"教育部创新团队"等，都要通过激烈竞争才能获得。

专项经费有时被排除在竞争性经费范畴之外，从本质上讲，科技专项是按需分配的拨款形式，是"集中力量办大事"的定向投资。关键问题是如何"定向"，其竞争除了表现为研究机构和研究者能力竞争之外，还表现为权力的竞争与博弈。在全国经费普遍短缺的情况下，各研究机构科研经费普遍不足，因此"需"只能是相对"更需"。中国目前专项资金分配的审批程序模糊冗长，公示范围较小、时间较短，少数情况下行政干预的影响大于专家组意见。

竞争性经费比例过大不仅违背了农业科研的公共性，更重要的是增加了交易成本，容易滋生官僚腐败，导致资源配置不合理。过度竞争增加了交易成本，研究者把更多的时间花在"跑项目"上，忙于建立横向与纵向的关系，横向上寻求学术圈支持，纵向上寻求主管部门的恩惠。根据《法制晚报》报道，近年来查出的 12 起科研经费腐败案件中，100 万元以上的有 5 起，1000 万元以上的有 2 起，其中也有农业领域的。一方面科研经费普遍不足，另一方面又存在分配过于集中导致的相对过剩，以及相当比例的资金成为交易成本。非良性竞争使科研工作者将大部分精力投入非科研工作之中，必然影响科研产出的数量与质量，降低科研投入绩效。

③试验发展类经费比例过低。1991—2020 年，我国农业科研活动各类型收入中，基础研究、应用研究和试验发展三类的比例分别为 27.28%、60.27%、12.45%。"中国科技投入问题与对策研究课题组"研究表明，发达国家 R&D 经费在基础研究、应用研究和试验发展三类研究中配置比例为"基础研究占 10% ~ 20%，应用研究占 20% ~ 25%，试验发展占 60% 左右"。与发达国家相比，我国应用研究比例偏高，而试验发展比例偏低，而且目前试验发展的比例还在下滑。这种投入政策一定程度上鼓励了农业科研脱离农业生产和经济实际需求的行为，是农业科研对农业经济贡献有限的原因之一。

7.1.4　农业科研管理体制及其影响

近 30 年农业科研绩效提升有限，农业科研在价值实现过程中耗损较大，科研成果转化率较低等，一定程度上可以从中国农业科研管理体制进行解释。

1. 多系统多层级体系影响农业科研合力

我国农业科研为多系统多层级模式。中华人民共和国成立后，中国农业科研工作借鉴了苏联模式，后虽几经改革，但是均未脱离该框架体系。目前中国农业科研体系中包括农业农村部所属农业科学院系统（下按专业设置研究所和试验站）、各省区市属农业科学院系统、教育部属农业大学、各省区市属农林院校，四类机构在自愿基础上以一些项目合作方式彼此联系。农业科研、农业高等教育、农业经济分属不同部门管理，农业经济发展主要由农业农村部管理；公共农业科研机构归属农业农村部管理，但农业科研经费主要来源于科技部、国家自然科学基金委员会等；农业高等教育与高校农业科研主要由教育部或各省区市教育厅分管。

在目前的农业科研体制下，各系统各层级分工明确，但也形成了条块分割，导致农业科研与教育、开发和推广缺乏联系，农业科研不能有效地对市场做出灵活的反应，突出表现在以下四个方面：一是科研力量比较分散，协作不够，难以形成合力；二是农业高校部分科研与农业经济发展重大需求脱节，省区市级农科院和试验站缺乏基础研究和应用基础研究的支持；三是高校人才培养规格与经济发展需求规格存在较大错位；四是在农业科研院所或农业技术部门未给农科大学生就业留接口，如相关公务员岗位及招考条件方面设置了诸多限制。这些问题都较大程度上影响了农业科研效益。

2. 管理行政化影响科研资源配置公平与效率

科研管理行政化、非专业化是导致农业科研效率不高的重要因素之一。

①农业与科研管理分离，弱化了农业科研地位，导致一些资源重复配置。农业科研实行的是部门主导的资源配置方式，农业科研分属部门多，部门间隔阂多，呈现"九龙治水"的局面。各类科研计划（专项）名目多，但每类计划经费和立项项目有限，为了获批项目，研究者疲于申报各类项目，大大增加了申报立项的难度，提高了竞争强度，出现了部分研究者重复申报等投机行为，造成有限科研资源的重复配置。

②决策与审批行政化催生寻租行为，降低效率与公平。我国科研计划决策和审批行政化特征明显。《经济参考报》曾刊登文章，详细分析了广州市科研系统腐败案件始末，报道指出，该案件涉案公职人员中有1名局级干部和7名处级干部，总涉案金额共计5000余万元；指出腐败有产业化倾向，拥有人脉和专门公关人员的"科技中介"成为连接研究者（机构）和管理部门的纽带，其咨询费为科研经费的20%~50%；披露某些部门打着专家评审的幌子，暗箱操作，通过行政干预与专家分蛋糕。

③农业科研决策官僚化，使农业科研供需脱节。目前，我国农业科研规划与决策还缺乏足够强大的专家团队的支撑。少数农业科研管理者对农业科研前沿及农业经济发展问题、趋势等，缺乏调研和专业知识，但却掌握了科研项目的决策权和审批权。项目选题多源于选题征集而非源自深入生产实践的一线调研。放眼

世界，农业强国往往有强大的专家智囊团队支持。例如，美国农业部农业科研政策决策依托农业研究局、国家食品与农业研究所、经济研究局、国家农业统计局四大专家机构，四大机构定期为农业部提供研究报告，并面向社会公布。决策代表了方向，在决策科学化方面，我国农业科研还有较长的路要走。

④经费管理制度不够完善，导致研究者陷入疲于"找钱、花钱"的境地。科研经费被各单位作为研究者收入的重要补充，体制与利益驱使部分研究者乐于做短、平、快的研究，而不愿潜心从事高、精、尖的研究；疲于申请项目，但拨款滞后、实行零基预算制度等又让他们愁于花钱。2015年前后，科研经费问题成为社会焦点之一，在几桩高校科研腐败案发之后，国家出台了严格的科研经费管理办法。同时，舆论也指向科研经费管理本身不符合实际等深层次问题，包括科研经费拨付滞后，零基预算不符合科研规律，科研经费管理指向使用方式而非用途和效果，科研经费中诸多不能支付项目存在不合理等。可喜的是，近几年来我国科研经费管理在规范化道路上迈上一个大台阶，已走出"一管就死，一放就乱"的困境。

3. 重分配轻执行，农业科研监管机制尚待完善

目前，我国科研管理体制（含农业）中各主体的作用发挥欠全面，"钱"在很大程度上成为政府、单位和研究者的工作焦点：政府的职责在于"分钱"，单位的职责在于"要钱"，研究者的职责在于"花钱"。政府、单位一般只管要钱，不太管项目进展和成果效益，甚至存在年末突击拨款的情况，如2010年的突击拨款以及2011年、2020年的经费负增长。科研经费是各科研单位事业规划中的重要指标，大多数农业科研单位的管理体制和考核制度中，职称评定、岗位聘用、奖金核算等均与科研项目和经费额度挂钩，有的单位中研究者有成果但若年均科研经费达不到一定额度则不能评高一级职称或聘高一级岗位。但是，部分单位在项目获批后，采取"放羊式"管理，以通过项目主管部门检查为目标，而项目结题多会在"友好交流"中通过验收。因此，从政府到研究者个人都存在重分配轻执行的问题，导致各科技计划（专项）的产出与国家预期要求出入较大，具有标志性、带动性，能够解决制约发展的"卡脖子"问题的重大科学技术突破不多。

4. 重理论轻应用的评价体系

农业科研不同于理科或人文社会科学，应具有极强的应用性。但是政府以及各农业科研单位层面对农业科研的评价体系与其他学科并无大的差异。现行的中国科技评价制度还不够完善，存在着重数量轻质量、重理论轻应用、重短期轻长远、重物轻人等问题。这种评价体系无疑是鼓励研究者做短平快、在实验室进行的基础理论研究，而不愿意开展周期长的应用研究、试验发展项目等。为了改变这种情况，2018 年教育部决定在各有关高校开展"唯论文、唯帽子、唯职称、唯学历、唯奖项"清理。

7.2 提升农业科研绩效的政策建议

7.2.1 牢固确立农业科研的公共性与基础性地位

要繁荣我国农业科研，提高农业科研对农业经济的贡献力，首先必须进一步明确农业科研的公共性及其在经济发展和社会稳定中的地位和作用。

第一，明确农业科研的公共性、基础性以及农业科研院所和农林院校的公益性。就一国而言，农业与军事一样是国家公共性基础性事业，一个是维护人民生存与健康安全，一个是维护领土和人民生命财产安全。从这个意义上讲，农业科研应提升到军事科研同等地位。Law 和 Tonon 等人研究指出，其他领域的科研可以通过同行评审等竞争性方式拨款，但是国家军事安全、航空和农业除外。国家层面应以法律形式规定农业科研的公共性、基础性，无论科技部还是农业农村部都应将农业作为特殊的领域，在政策和投入上突显农业科研的公共性，同时应以法律形式明确公共科研机构的公益性和非营利性质。

第二，农业科研需要公共财政予以保证。农业科研公益性的实现，必须以公共财政支持为依托。目前额度非常有限的农业行业专项，加之竞争性拨款方式，不足以体现农业科研的特殊性。公共财政至少应保证农业科研机构基本事业运行、人员基本工资，以及基本科研条件建设。农业科研不能等同于其他科研活动，采取"稳定一头，放活一片"的市场化模式必然导致一些寻租行为，降低绩效水平，同时也容易导致研究的价值偏移。

第三，尊重科研的自主性。提高农业科研绩效还需要充分尊重农业科研的自主性，给科研工作者自主创新的空间和时间。政府主要精力应投入在农业可持续发展战略规划的调研中，提出农业生产中的突出问题、农业经济发展的战略性问题，指导农业科研工作者方向，而非科研立项管理上。对农业科研机构和农业科研工作者宜实行阶段性绩效考核，即公共科研机构和科研工作者根据国家研究指南，提出自己的五年研究计划与目标，申请研究经费，五年之后实行绩效考核。其间不应给予过多干预，以确保研究者将主要精力投入研究中，而非科研关系的构建，以及各类申请、检查、结题等的应对工作中。

第四，明确不同农业科研创新主体职责。农业科研的公共性与基础性并不排斥私人的参与。在 2012 年中共中央、国务院印发《关于加快推进农业科技创新持续增强农产品供给保障能力的若干意见》之后，2014 年原农业部出台了《关于促进企业开展农业科技创新的意见》，进一步明确科研院所、高校和私人企业在农业科研中的分工，指出：要根据农业科技的公共性、基础性和社会性，强化各类农业科技创新主体的分工协作，"中央级农业科研院所、高等院校着重加强基础研究和战略性、前沿性、公益性研究；地方农业科研院所、高等院校着重解决本地区农业产业技术需求，开展应用研究；企业着重开展应用技术研发，并尽快成为农业商业化育种，农药、兽药、化肥等农业生产投入品，农机装备，渔船及渔业装备，农产品加工等领域的技术创新主体"。因此，农业科研任务还需要进一步分割，借鉴发达国家经验，明确哪些应由公共部门实施，哪些主要应由市场来实施，避免当前公共部门行使部分市场的职能，模糊了公共农业科研机构的性质。

7.2.2 深化农业科研财政拨款体制改革

1. 建立稳健的科研投入政策，走创新生产力型发展模式

持续的农业科研投入对农业经济乃至社会经济发展具有非常重要的战略意义。"如果研究经费不稳定，会使该期农业生产力下降"（Sparger，2013）。OECD关于中国农业政策的研究报告指出，中国农业政策经历了从数量到质量的转变过

程，20 世纪 90 年代末前，政府的目标是解决 95% 的粮食自给问题，因而提高粮食产量是农业政策的主要特征；90 年代末 20 世纪初，农业生产出现相对过剩，农业政策转向以增加农民收入为目标，从征收农业税转向给予农业补贴。可见，改革开放以来中国农业科技政策主要是基于"维持生产力、维持社会稳定"的指导思想。

如果把农业科研投入分为促进创新生产力型和维持生产力型，前者的目标是超越历史生产力水平，后者的目标是让农业生产力保持在某一水平，尽管创新仍然存在。当前中国乃至部分发达国家农业科研预算安排的出发点主要是防止农业生产力的下降（Adusei and Morton, 1990；Alston et. al, 2010），即解决粮食安全问题。美国农业部农业研究局研究认为，如果美国公共农业科研投入保持当前水平，到 2050 年时，农业全要素生产力增长率将降到 0.75% 以下，而美国农业产量将只能增长 40%；如果公共农业科研按 3.73% 的年增长率增长，2050 年美国农业产量将增长 73%；如果按 4.73% 的年增长率增长，2050 年美国农业产量将增长 83%。在农业科研投入增长不足的情况下，提高产量将只能通过增加耕地、劳动力、物资等途径，如此，已经显现出并持续加强的农业可持续发展问题、环境生态问题将更加突出。因此，提高中国农业科研绩效，需要稳健的持续增长的科研投入。

公共财政在农业科研上的目标应从"维持生产力"转向"创新生产力"。首先，要大幅提高农业科研投入，使农业科技投入强度达到全国科技投入强度，并不断缩小与发达国家的距离，最后达到发达国家的投入水平。唯有如此，农业科研和农业科技水平才可能跻身世界一流水平，中国才可能实现从"农业大国"向"农业强国"的转变。其次，应保证农业科研财政投入的稳定性，一方面要保证农业科研经费绝对额度的相对稳定，尤其不能出现负增长的状态；另一方面，应保持财政投入增长率的相对稳定，避免增长率大幅波动。

2. 调整农业科研拨款方式，降低竞争性经费比例

基于农业科研的性质定位，农业科研财政拨款方式和比例还需要进行大的调整。固定拨款是一种相对公平有效的配置方式。除了财政拨款占农业科研中经费的比例指标外，增加固定拨款是进一步体现农业科研公共性和基础性的途径。前面的实证研究已经表明，竞争性拨款催生了"学霸"现象，有限农业科研资金的高度集中等，不能体现公平，也没有表现出预期的效率。固定拨款被认为是各种力量博弈的结果，在很大程度上是一种公平而有效的资源配置方式。

适度竞争有利于激发农业科研系统的"鲶鱼效应"。基于政府外同行评审的竞争性拨款，是以研究者能力价值为依据的竞争性拨款方式，具有响应性、灵活性，通过专业和同行评审，确保研究资源配置帕累托最优等优势，是有效的平衡和补充固定拨款的形式。但过度竞争不仅会导致申请成本昂贵，而且容易诱发寻租行为，滋生学术腐败，导致投入的不经济，因此竞争性经费必须控制在有限范围之内。

目前，在竞争性和非竞争性拨款两种方式的构成比例中，需要遏制竞争性拨款额度增长的势头，逐步降低竞争性拨款比例，减少专项拨款项目和"贴标签"人才项目，增加固定拨款比例。按照发达国家的经验，农业科研财政拨款中竞争性经费不宜超过 15%。此外，还要减少各种名目的专项拨款，减少政治对学术的干预。

3. 合理配置资源，提高农业科研投入公平性与效率

政府农业科研财政投入应更注意在不同地域、不同农业科研机构中适当地均衡配置，以提高公共科研财政的利用和产出绩效。从公共财政绩效角度讲，中国农业科研财政投入应更注意资源在不同地域之间的均衡配置，增加西部和西南部地区农业科研投入；注意农业科研资源在不同农林院校中适当地均衡配置，新增经费应主要用于支持一般省属农林院校科研工作，缩小农业科研资源配置的"剪刀差"，提升农业科研的整体水平，以进一步提高资源利用率和公共财政绩效。

7.2.3 创新以农业农村部为主体的农业科研管理体制

2023 年国务院机构改革方案提出重新组建科学技术部，将其农业农村发展规划和政策制定、农村科技进步指导等职责划入农业农村部。这实际上是要解决农业科研管理体制上的两个问题：一是统筹科技工作和农业生产，增强农业科技服务农业生产的能力；二是增强农业科技管理决策的专业性。

1. 加强农业农村部科教统筹决策力

要打破农业生产、农业科研、农业教育条块分割，农业科教与农业生产脱节的现状，在管理体制上需要调整相关部门职权，突出农业农村部在农业生产、科技、教育方面的综合决策能力、协调能力和统筹能力。

首先，强化农业农村部科教职权，增强农业农村部产科教综合协调与控制力。扩展农业农村部科教司职权，增强农业农村部科教司管理与技术队伍力量，增加农业农村部科研规划、管理的职能，加强农业农村部对农业科研方向、重点以及具体科研工作的指导力和控制力。

其次，突出农业农村部在农业科技与教育中的研究决策权。实行基于农业农村部规划决策的农业科研与农业教育分权管理模式。科技部和教育部分别负责农业科技和农业教育的一般程式化行政管理，以保证农业科技遵循科技工作基本规律，农业教育工作遵循人才培养基本规律。但农业科技规划制定、农业科技项目立项应由农业农村部主导实施，农业科技项目及成果评价标准等应由农业农村部主导制定，项目验收与成果鉴定应由农业农村部指导下的第三方实施；农科专业设置、专业标准、人才培养规格等应由农业农村部主导制定，专业评估、人才培养质量评价等应由农业农村部委托的第三方组织实施。

2. 突出农业科研专业化管理

农业科研管理的对象是农业科技知识创造者，以及知识创造过程和结果，其有效管理必须走专业化道路。

首先，行政管理队伍必须专业化。管理者不仅要懂科技管理业务，而且要具备较深厚的农科专业知识背景和农业生产实践经验，了解农业生产实践的现状与问题，把握中国以及世界农业科技发展的前沿问题、研究进展与研究成果。

其次，农业科研管理决策专业化。除了行政管理队伍本身专业化，政府农业科研发展战略决策还需要专业化机构支撑。国家应成立专门的农业科技战略与政策研究机构或委托第三方专业机构开展研究，定期为政府提供研究报告。农业科技发展五年计划、中长期规划、科研立项指南等指导性文件的制定，应基于长期的深入实践、系统的调研，而非主要依靠汇总面向研究者征集的选题。

最后，评价专业化。农业科研工作评价专业化表现为评价标准的科学化、评价程序的规范化，避免项目结题或鉴定变成熟人串门，结果是"你好我好大家好"的评价局面。

3. 积极推进改革，缩短改革阵痛期

任何改革必然伴随阵痛，改革越深入阵痛越强烈。改革阵痛虽不可避免，但是阵痛期可以缩短。改革的过程也是改革推进者和反对者、新事物与传统事物力量博弈的过程，有策略地推进是改革成功的关键。

改革方案本身的科学合理性是改革成功的前提，因此充分的调研与论证必不可少。无论是执行中央的方针、政策或决定，还是回应民众或生产的诉求，都要建立在充分的实地调研基础上；对于全国统一推进的科技改革，需要充分考虑农业科研的"三性"；对于全国推进的农业系统改革，需要充分考虑农业科研的角色、定位和担当；借鉴国外经验做法，改革要建立在本国国情的基础上，既不能以国情为由放弃改革或向传统力量妥协，也不能忽视国情生搬硬套。改革实施前，需充分预见改革中的困难并制定对策，如果缺乏对改革困难的预案，其结果断不可能很好，甚至可能适得其反。

调研要充分，改革推进却要雷厉风行、果断高效。中国农业科研系统需要一次大的手术，中央提出"下决心突破体制障碍……推动农业科技跨越发展"，应尽快启动调研和实施。方案一经确定要迅速推进，尽量缩短改革的推进期，避免因时间太长导致改革者和被改革者疲乏，降低改革效率和效果。

7.2.4 完善绩效导向的农业科研监管机制

作为公共事业的农业科研不再是学者的个人偏好，学术研究与政府和公民存在一定契约关系，对研究机构和研究者的规制和引导成为必然，农业科研必须接受监管与评价。因此科学合理的科技评价、监管审计对于中国农业科研发展有着决定性的意义。

1. 建立科学的农业科研机构绩效评价制度

我国科研绩效评价虽然提了很多年，但是目前还缺乏合理评价的标准、操作规范和相关制度。而且现有绩效评价主要针对重大专项，科研机构组织绩效评价缺失。因此，急需从国家公共资源配置角度，建立以农业科研机构为评价对象的科研绩效评价制度。该制度应注意以下方面：一是突出评价的市场导向，即由代表行业企业的第三方实施评价。二是突出农业科研的终极目标，即兼顾成果的理论价值与实践应用价值，强调通过科技创新促进农业经济发展，尤其突出成果在解决农业生产的突出或关键问题、农业经济发展战略性问题方面的价值。三是基于投入与产出的关系来开展绩效评价，既不能忽视投入，仅以产出为标准，更不能将投入当作产出来评价。四是注意投入与产出的时间一致性，即不能将长期积累的机构整体科研水平等代替特定时期的科研成果。

2. 突出应用导向的科研人员绩效评价体制改革

各研究机构人事政策、薪酬制度、评价与激励制度是对研究者的直接引导。当前农业科研机构中对科研工作者的评价改革重点应突出以下方面。首先，突出基于目标管理的长效评价，给予研究者"十年磨一剑"的时间。譬如，以每五年为一个阶段，研究者提出自己的研究课题与目标，五年后进行绩效评价，通过者实施下一个五年规划，未通过者予以解聘或降一级聘用。其次，突出实践价值的综合评价。研究计划评审，成果评定，都要进一步突出研究的实践价值，看研究是否对当前和未来农业生产和农业经济发展需求进行了回应，看研究是否解决了农业生产经营中的突出问题，看成果是否具有推广意义与价值等。弱化"科技进步奖"等官方评价制度，避免根据单纯的经费数量和SCI点数来评价研究业绩，避免为SCI而研究。最后，在绩效评价基础上，取消科研经费提成制度，科研经费与研究者收入挂钩，以及以科研经费数量为考核标准等做法。

3. 完善全面的农业科研监管审计制度

提高农业科研绩效需要改变科研经费管理中重立项分配轻评价审计的现状以及"一管就死，一放就乱"的科研监管制度。具体在以下方面还需要改革和完善：①改革零基预算制度，在本来就滞后的科研经费拨款制度下，避免造成研究方陷入"缺钱——要钱——突击花钱"的恶性循环中。②把握"管"与"放"的度，建立一套基于长期、广泛、深入调研的科学合理且切实可行的规章制度，合理规制机构和研究者的行为。③加强科研机构管理运行成本的审计。科研项目经费和科研机构管理运行成本应成为审计重点。以固定拨款方式拨付给各科研机构的经费，一般由各单位在一定规范下自主安排，其中管理成本过高是当前的普遍问题。因此对农业科研经费的审计应将管理运行成本作为审计重点之一，即对非科研人员和科研工作的费用进行审计。

当然，建立适合中国国情和农业科研特点的农业科研经费管理制度，还需要进一步探索。科研经费管理制度的完善与执行需要较长的时间，既有规范建立的过程，也有研究机构和研究者对规范的适应过程，以及遵循规范的习惯和风气的养成过程，有赖于薪酬制度和评价制度等多方面的综合改革。

7.2.5 培育企业与政府互补的成果转化与推广市场

1. 完善农业科研价值链

提高公共农业科研绩效，还需要农业科研后续环节的改革，包括培育农业科研成果转化市场，完善农业推广体系，大力发展私立农业研发机构。

加强农业科研成果保护，推进农业成果转化市场发育。进一步完善农业科研成果保护法规，加强农业科研成果保护；维护农业科研成果完成人在成果转化中的权益，激发研究者增强成果实用价值，以及促进成果转化的积极性；建设全国性农业科研成果交流信息平台，建立区域性农业科研成果转化与交易中心，加快农业科技成果转化与交易市场的培育。

完善农业推广体系。农业科技推广是农业科研成果转化为现实生产力，扩大农业新科技辐射面的重要途径。除了要健全农业科技推广系统之外，加大农业科技推广财政经费投入，促进农业科技推广人员专业化，提高农业科技推广人员待遇都是急需解决的重要问题。

大力扶持发展私人农业研发机构。企业是农业科技成果转化与推广的重要力量，公共农业科研组织与私人农业科研组织有机互补是农业强国的共同特征。近年来，我国农业企业发展迅速，创新能力不断增强，逐步成为农业生产经营活动的重要力量，但是相比发达国家，中国私人农业企业研发经费占比，以及在科技成果转化中的作用依旧有限。通过政策引导、体制机制创新和项目支持等。引导企业积极开展农业科技创新，不仅能繁荣农业科研事业，也能有效促进公共农业科研事业良性发展。

2. 创新鼓励农业科研人员服务经济的机制

很长一段时间以来，农业科研人员被限制私自兼职第二职业。近年来，原人社部牵头鼓励事业单位技术人员面向市场创新创业，增强服务社会生产和经济发展的能力和效果。

2017 年人社部印发《关于支持和鼓励事业单位专业技术人员创新创业的指导意见》，2019 年人社部发布《关于进一步支持和鼓励事业单位科研人员创新创业的指导意见》加速推进该机制落实。意见明确了支持和鼓励事业单位专技人员创新创业的重要意义、具体情形和保障措施，并提出实施要求，具体包括"事业单位专业技术人员到企业挂职或者参与项目合作期间，与原单位在岗人员同等享有参加职称评审、项目申报、岗位竞聘、培训、考核、奖励等方面权利"；"事业单位专业技术人员在兼职单位的工作业绩或者在职创办企业取得的成绩可以作为其职称评审、岗位竞聘、考核等的重要依据"；"事业单位专业技术人员离岗创业，须提出书面申请，经单位同意，可在 3 年内保留人事关系"。

2020 年，人社部、教育部印发《关于深化高等学校教师职称制度改革的指导意见》，明确提出："克服唯论文、唯'帽子'、唯学历、唯奖项、唯项目等倾向""推行代表性成果评价"。这实际上是通过评价标准的改革引导科研人员面向企业、面向生产、面向市场，这种从评价指挥棒端进行的改革必然对提升农业科研价值具有巨大推动作用。但是也要看到，如果对科研单位绩效的整体评价标准以及财政拨款方式不改变，而去要求科研单位内部对科研人员的评价标准发生变化，再科学的政策其效果也难以完全达到预期。本研究认为，提升农业科研绩效需要从科学评价农业科研绩效和合理利用农业科研绩效结果开始。

本章小结

本章从科技体制改革、农业科技生态系统、有限资源错配以及管理体制四个角度分析了影响农业科研绩效的公共政策环境因素。

20世纪90年代以来中国农业科研体制不间断的改革，有效避免了系统疲软引致的绩效下降，但是世纪之交的重大农业科技体制改革没有带来农业科研绩效的提升，说明科技体制改革并未触及本质，公共农业科研机构的性质与功能模糊影响了农业科研的绩效。

农科教归属权的分离很大程度上影响了农业科研价值链的完整性和有效性，农业科研服务农业生产意识不强，农业科研出现供需脱节，农业科技成果转化市场发育不成熟，成果转化激励和保护机制乏力，都会影响农业科研对农业经济的贡献。

与国际比较，中国农业科研投入强度低，农业科研经费严重不足；国内不同行业比较，农业科研处于弱势地位；而有限资源投入不稳定，在不同机构、不同研究领域配置不平衡，都是农业科研发展不充分、整体绩效不高的重要原因。

农业科研管理上，多系统多层级的管理体系影响管理效率，管理行政化、重分配轻执行、重理论轻应用等管理特征很大程度上导致科研机构非科研成本上升、研究价值偏移，催生逐利行为。

为此，要从明确性质、改革拨款体制、创新管理机制、完善评价机制、培育成果转化与推广市场等方面推进农业科研相关体制改革，努力提高农业科研投入效率和效益。

参 考 文 献

[1] 鲍瑜，张兴中，张平，等．湖北农业科技创新的现状分析与对策建议［J］．农业科技管理，2023，42（2）：10-13.

[2] 常姗姗．科技三项费：不容忽视的科技助推器．（2004-04-17）．http：//bbs. iaudit. cn/showtopic-3975. aspx.

[3] 陈建伟．中国农业科技创新效率研究［D］．河北农业大学，2010.

[4] 陈秀兰，徐学荣，魏远竹．关于农业科技投入研究的综述［J］．科技和产业，2009（10）：99-105.

[5] 楚德江．基于公共品属性的农业绿色技术创新机制［J］．华南农业大学学报（社会科学版），2022，21（1）：23-32.

[6] 邓享棋．农业科技体制机制改革应突出"五个解决"［J］．湖南农业，2022（1）：26-27.

[7] 翟琳，王晶，徐明，等．荷兰农业科技体制演变及对我国的启示［J］．农业科技管理，2017，36（2）：25-27.

[8] 翟勇，陈琴苓，张新明，林友华，张宪法，陈波．我国公益性农业科研的主要特征及管理机制研究（二）［J］．农业科技管理，2008（1）：9-15.

[9] 翟勇，陈琴苓，张新明，林友华，张宪法，陈波．我国公益性农业科研的主要特征及管理机制研究（一）［J］．农业科技管理，2007（6）：5-8.

[10] 丁璐扬．农业科研机构科技资源错配及影响因素研究［D］．桂林理工大学，2020.

[11] 董奋义，齐冰．基于灰关联的农业科技投入产出滞后期确定及 DEA 效率测度［J］．江苏农业科学，2019，47（20）：322-327.

［12］董奋义，齐冰．基于熵值法和比较静态分析的省级农业科技 DEA 效率 ［J］．江苏农业科学，2019，47（19）：321-326.

［13］董明涛．我国农业科技创新资源的配置效率及影响因素研究 ［J］．华东经济管理，2014（2）：53-58.

［14］段云龙，王墨林，陈杨．基于滞后型四阶段 DEA-Tobit 和 Bootstrap-DEA 模型的高校科研创新效率研究——教育部 64 所直属高校的实证分析 ［J］．南大商学评论，2018（2）：96-117.

［15］高铁梅．计量经济分析方法与建模：EViews 应用及实例 ［M］．北京：清华大学出版社，2009.

［16］龚斌磊，张书睿，王硕，等．新中国成立 70 年农业技术进步研究综述 ［J］．农业经济问题，2020（6）：11-29.

［17］关忠诚，娄渊雨，冯晓赟，等．国立农业科研机构创新效率研究——基于三阶段链式 DEA 模型 ［J］．系统科学与数学，2023（8）：1-17.

［18］郭晨军．福建省农业科技创新效率研究 ［D］．福建农林大学，2022.

［19］郭海红．改革开放四十年的农业科技体制改革 ［J］．农业经济问题，2019（1）：86-98.

［20］郭健，王栋，张良富．山东省农业科技投入与农业经济增长的动态关联关系研究 ［J］．山东财政学院学报，2012（3）：54-59.

［21］郭妍，周展．中国涉农企业科技投入对农村经济发展效率影响的研究 ［J］．江西农业学报，2022，34（7）：206-211.

［22］何琼，陈超，王迎春．农业科技资源配置研究述评与展望 ［J］．农业科技管理，2021，40（6）：25-29.

［23］何西杰，杨国梁．新型研发机构中的公共属性与市场属性 ［J］．发展研究，2023，40（6）：45-51.

［24］胡宁生．公共部门绩效评估 ［M］．上海：复旦大学出版社，2008.

［25］胡瑞法，黄季焜．中国农业科研体系发展与改革：政策评估与建议 ［J］．科学与社会，2011（3）：34-40.

［26］胡瑞法，时宽玉，崔永伟，黄季焜．中国农业科研投入变化及其与国际比较 ［J］．中国软科学，2007（2）：53-58.

[27] 胡悦，余凯航．中国经济增长与科技投入和农业投入的关系——基于协整和 VAR 模型的实证分析 [J]．中国市场，2013（40）：11-13．

[28] 黄季焜，胡瑞法．农业科技投资体制与模式：现状及国际比较 [J]．管理世界，2000（3）：170-179．

[29] 黄季焜．深化农业科技体系改革 提高农业科技创新能力 [J]．农业经济与管理，2013，18（2）：5-8．

[30] 黄季焜．六十年中国农业的发展和三十年改革奇迹——制度创新、技术进步和市场改革 [J]．农业技术经济，2010（1）：4-18．

[31] 黄建国．中国公益性科研机构管理模式的研究 [J]．科技管理研究，2005（2）：1-3

[32] 黄龙俊江，刘玲玉，肖慧，等．农业科技创新、农业技术效率与农业经济发展——基于向量自回归（VAR）模型的实证分析 [J]．科技管理研究，2021，41（12）：107-113．

[33] 黄其振，邢美华，陈杰．对湖北省农业科研机构投入的比较研究及改革建议 [J]．湖北农业科学，2014，53（24）：6153-6156．

[34] 黄志鸿．中国商业银行前沿效率研究——基于 Bootstrap 修正的 DEA 模型 [J]．时代金融，2013（15）：160-162．

[35] 江涛．基于 DEA 的农业高校科研绩效评价研究 [D]．四川农业大学，2009．

[36] 蒋寅．报销恶梦：关于科研经费的对话 [EB/OL]．（2014-12-19）．http：//whb. news365. com. cn/whxr/201412/t20141219_ 1530513. html．

[37] 李丹．基于公共风险逻辑的农业科技投入体制改革研究 [J]．农业科研经济管理，2022（2）：16-24，28．

[38] 李丹．农业科技投入体制改革研究 [J]．农业经济，2022（10）：84-86．

[39] 李国杰．改革开放 30 年的中国高等农业教育回顾与展望 [J]．中国农业教育，2009（1）：237-238．

[40] 李金祥，刘瀛弢，毛世平，谢玲红，吴敬学．国家级农业科研机构政府投入缺口分析 [J]．农业经济问题，2014（7）：27-35．

[41] 李金祥，谢玲红，毛世平．国家级农业科研机构科研条件保障能力建设投

入的形势分析与对策思路［J］. 农业科研经济管理，2013（3）：2-5.

［42］李锦涵，万国超 . 我国农业创新效率研究综述及展望［J］. 现代农业科技，2022（24）：183-188.

［43］李强，刘冬梅 . 我国农业科研投入对农业增长的贡献研究——基于 1995—2007 年省级面板数据的实证分析［J］. 中国软科学，2011（7）：42-49.

［44］李容 . 中国农业科研公共投资研究［M］. 北京：中国农业出版社，2003.

［45］李锐，李子奈 . 中国农业科研投入效率的研究［J］. 管理科学学报，2007，10（4）：82-89.

［46］李文彬，郑方辉 . 公共部门绩效评价［M］. 武汉：武汉大学出版社，2010.

［47］李兆亮，罗小锋，张俊飚，等 . 农业科研要素投入的时空差异及其影响因素［J］. 中国科技论坛，2016（2）：120-125.

［48］梁平，梁彭勇 . 我国农业科技投入与农业经济增长关系的实证研究——基于 VAR 模型的检验分析［J］. 贵州财经学院学报，2007（2）：52-56.

［49］刘继为，高鹏怀，李书毅 . 科技兴农：基于 DEA 模型的农业科技创新资源配置效率测度［J］. 河北农业大学学报（社会科学版），2022，24（4）：48-56.

［50］刘璐 . 中国文化产业上市公司经营绩效研究——基于因子分析和 DEA-Bootstrap 法［J］. 时代金融，2013（27）：196-197.

［51］刘巍，宫舒文 . 基于 Bootstrap-DEA 区域高校科研效率测算及差异分析［J］. 统计与决策，2018，34（1）：100-102.

［52］刘伟，李星星 . 中国高新技术产业技术创新效率的区域差异分析——基于三阶段 DEA 模型与 Bootstrap 方法［J］. 财经问题研究，2013（8）：20-28.

［53］刘晓欣，邵燕敏，张珣 . 基于 Bootstrap-DEA 的工业能源效率分析［J］. 系统科学与数学，2011（3）：361-371.

［54］卢柯 . 中国科研经费管理"一管就死，一放就乱"［EB/OL］.（2014-03-07）. http：//politics. gmw. cn/2014-03/ 07/content_ 10610918. htm.

［55］陆建芬 . 浅谈科技专项资金管理［J］. 中国科技信息，2011（15）：140.

［56］罗莎莎，刘德娟，曾玉荣 . 公益类科研院所绩效评价研究综述［J］. 农业科技管理，2018，37（6）：71-75.

［57］ 毛世平，曹志伟，刘瀛弢，吴敬学．中国农业科研机构科技投入问题研究——兼论国家级农业科研机构科技投入［J］．农业经济问题，2013（1）：49-56.

［58］ 毛世平，杨艳丽，林青宁．改革开放以来我国农业科技创新政策的演变及效果评价——来自我国农业科研机构的经验证据［J］．农业经济问题，2019（1）：73-85.

［59］ 闵晨．基于 VAR 模型的农业科技投入与农业经济增长关系研究［D］．上海海洋大学，2022.

［60］ 尼鲁帕尔·迪力夏提，郭静利．国家级农业科研院所科研效率评价及其影响因素——基于 DEA-Malmquist-Tobit 模型［J］．科技管理研究，2021，41（18）：66-72.

［61］ 农业部．农业部关于深化农业科技体制机制改革 加快实施创新驱动发展战略的意见［J］．中国果业信息，2015，32（10）：1-5.

［62］ 农业农村部办公厅印发《关于深化农业科研机构创新与服务绩效评价改革的指导意见》的通知［J］．中华人民共和国农业农村部公报，2022（2）：84.

［63］ 欧文·E·休斯．公共管理导论（第三版）［M］．张成福，等，译．北京：中国人民大学出版社，2007.

［64］ 潘士远，史晋川．内生经济增长理论：一个文献综述［J］．经济学（季刊），2002，1（3）：753-786.

［65］ 盘点 12 起科研经费案：15 名学术领军人物涉贪［EB/OL］．（2014-11-07）．http：//news. sina. com. cn/c/2014-11-07/133331110752. shtml.

［66］ 庞金波，杨梦．农村金融发展与农业经济增长——基于农业科技创新的中介效应［J］．科技管理研究，2021，41（17）：85-90.

［67］ 彭宇文，吴林海．中美农业科技体制比较与我国农业科技体制改革研究［J］．科技管理研究，2008（6）：62-64.

［68］ 邱泠坪，郭明顺，张艳，等．基于 DEA 和 Malmquist 的高等农业院校科研效率评价［J］．现代教育管理，2017（2）：50-55.

［69］ 申红芳，肖洪安，郑循刚，等．农业科技投入与农业经济发展的实证研究

［J］. 科学管理研究，2006，24（6）：113-117.

［70］史金凤，张信东，杨威，邵燕敏. 基于 Bootstrap 网络 DEA 改进方法的银行效率测度［J］. 山西大学学报（哲学社会科学版），2012（5）：128-134.

［71］孙振. 基于 Bootstrap-DEA 方法的中国乳品加工企业的效率分析［J］. 湖北农业科学，2013（12）：2947-2950.

［72］汤进华，刘成武. 湖北省农业经济增长的科技贡献率分析［J］. 资源开发与市场，2011（10）：877-880.

［73］汤姆·克里斯滕森，佩尔·靳格莱德. 新公共管理：观念与实践的转变［M］. 刘启君，蒋硕亮，陈刚，译. 郑州：河南人民出版社，2003.

［74］陶长琪，王志平. 技术效率的地区差异及其成因分析——基于三阶段 DEA与 Bootstrap-DEA 方法［J］. 研究与发展管理，2011（6）：91-99.

［75］汪博兴. 农业科技投入对经济增长影响的脉冲响应分析［J］. 农业经济，2010（9）：71-72.

［76］王杜春，时玉坤. 乡村振兴背景下我国农林高校的科研效率及影响因素［J］. 科技管理研究，2022，42（10）：63-70.

［77］王昊，欧阳涛. 湖南省农业经济增长的科技贡献率分析［J］. 湖南农机，2012（7）：123-125.

［78］王建明. 农业财政投资对经济增长作用的研究——兼论农业科研投入的作用与效果［J］. 农业技术经济，2010（2）：41-49.

［79］王建明. 中国农业科研投入与农业经济增长的互动关系研究［J］. 农业技术经济，2009（1）：103-109.

［80］王婧. 构建省级农业科研绩效评价体系的探讨［J］. 甘肃农业科技，2022，53（5）：24-27.

［81］王敬华，钟春艳. 加快农业科技成果转化促进农业发展方式转变［J］. 农业现代化研究，2012，33（2）：195-198.

［82］王仁富. 我国农业植物新品种权保护现状及完善［J］. 农村经济，2011（11）：45-48.

［83］王文强，章怡虹，刘剑虹. 论高校科学研究公共性的时代回应与回归［J］. 宁波大学学报（教育科学版），2017，39（3）：33-37.

[84] 王永静，马春晓．财政支农支出、农业科技进步与农业经济增长［J］．新疆农垦经济，2023（8）：1-13.

[85] 韦开蕾，王继祥，许能锐．农业科研成果对中国农业经济增长的贡献分析［J］．南方农业学报，2013（9）：1584-1588.

[86] 温先阳，郭亮，袁芳等．深化农业科技体制改革推进乡村振兴的思考［J］．基层农技推广，2021，9（4）：1-3.

[87] 吴林海，彭宇文．农业科技投入与农业经济增长的动态关联性研究［J］．农业技术经济，2013（12）：87-93.

[88] 吴雪莲，张俊飚，丰军辉．农业科研机构科技创新、空间外溢与农业经济增长［J］．科技管理研究，2016，36（17）：79-86.

[89] 西奥多．H．波伊斯特．公共与非盈利组织绩效考评：方法与应用［M］．北京：中国人民大学出版社，2005.

[90] 夏燕，温定英．财政支农政策对现代农业科研经济发展的绩效影响分析［J］．山西农经，2021（24）：183-184.

[91] 贤鑫，李桐，陆建中．农业科研院所科技成果转化能力研究综述［J］．农业科技管理，2022，41（6）：68-71.

[92] 谢彬彬，陈叶兰．国外农业科技体制改革及组织形式［J］．理论观察，2016（3）：93-94.

[93] 信乃诠．新中国农业科技60年［J］．农业科技管理，2009（6）：1-11.

[94] 许豫南，刘文军．关于对农业综合研究与农业科技创新的思考［J］．现代农村科技，2023（5）：16-17.

[95] 续竞秦，杨永恒．地方政府基本公共服务供给效率及其影响因素实证分析——基于修正的DEA两步法［J］．财贸研究，2011（6）：89-96.

[96] 杨传喜，丁璐扬．农业科技资源错配效应研究［J］．科技管理研究，2020，40（20）：123-132.

[97] 杨传喜，陶倩茹．农业科研机构资源优化配置模型初探［J］．中国科技资源导刊，2019，51（5）：48-55.

[98] 杨传喜，王亚萌．基于第二次全国R&D资源清查的农业科技资源配置效率分析［J］．中国农业资源与区划，2017，38（7）：126-134.

［99］杨传喜. 农业科技资源配置效率问题研究［D］. 武汉：华中农业大学，2011.

［100］杨艳丽. 创新链视角下的我国农业科研机构科技资源配置效率研究［D］. 中国农业科学院，2019.

［101］尹伟华，袁卫. 基于 Bootstrap-DEA 方法的中国教育部直属高校科研效率评价［J］. 统计与信息论坛，2013（6）：61-68.

［102］于强. 美国农业部的科研资助体系［EB/OL］.（2012-12-06）. http：//blog. sciencenet. cn/blog-393259-639652. html.

［103］张红辉，李伟. 农业科技投入与农业经济发展的动态关联机制分析［J］. 科技管理研究，2013（11）：149-151.

［104］张日新，陈泽峰，曾亿武. 基于 VAR 模型的农业 R&D 投入与农业增长关系研究［J］. 华中农业大学学报：社会科学版，2014（3）：44-49.

［105］张胜，郭英远. 破解国有科研事业单位科技成果转化体制机制障碍［J］. 中国科技论坛，2014（8）：36-41.

［106］张淑辉，陈建成. 农业科研投入与农业生产率增长关系的实证研究［J］. 云南财经大学学报，2013（5）：83-90.

［107］张淑辉，郝玉宾. 农业科技成果低转化率的主要原因探讨［J］. 理论探索，2014（1）：98-101.

［108］张松，刘志民. 建国 70 年以来中国高等农业教育的发展历程、辉煌成就与未来展望［J］. 中国农业教育，2019，20（2）：14-22.

［109］张银定. 中国农业科研体系的制度变迁与科技体制改革的绩效评价研究［D］. 中国农业科学院，2006.

［110］张永江，袁俊丽，黄惠春. 中国特色农业强国的历史演进、理论逻辑与推进路径［J］. 农业经济问题，2023（12）：4-16.

［111］张玉双. 政府农业科技投入与农业经济增长的动态关联分析［J］. 南阳理工学院学报，2009（5）：103-105.

［112］赵博雄. 国家级农业科研机构科技资源配置效率研究［D］. 北京：中国农业科学院，2013.

［113］赵成根. 新公共管理改革：不断塑造新的平衡［M］. 北京：北京大学出

版社，2007.

[114] 赵芝俊，袁开智. 中国农业技术进步贡献率测算及分解：1985—2005 [J]. 农业经济问题，2009（3）：28-36.

[115] 中国农业科学院农业知识产权研究中心. 中国农业知识产权创造指数报告（2014 年）[EB/OL]. (2014-05-05). http：//www. ccipa. org.

[116] 中华人民共和国农业农村部. 非同寻常的七个百分点——我国农业科技进步实现历史性跨越 [EB/OL]. (2022-08-19). http：//www. moa. gov. cn/xw/bmdt/202208/t20220819_ 6407342. htm.

[117] 卓越. 公共部门绩效评价 [M]. 北京：中国人民大学出版社，2004.

[118] Alejandro Nin-Pratt. Agricultural R&D investment intensity：a misleading conventional measure and a new intensity index [J]. Agricultural Economics，2021，52（2）：317-328.

[119] Alston J M，Andersen M A，James JS，et al. Persistence pays：U. S. agricultural productivity growth and the benefits from public R&D spending [EB/OL]. http：//www. springer. com/series/6360.

[120] Alston J M，Andersen M A，James JS，Pardey PG. The economic returns to U. S. public agricultural research [J]. American J. of Agricultural Economics，2011，93（5）：1257-1277.

[121] Alston J M. Spillovers [J]. The Australian Journal of Agricultural and Resource Economics，2002，46（3）：315-346.

[122] Andersen M A. Public investment in U. S. agricultural R&D and the economic benefits [J]. Food Policy，2015，51（2）：38-43.

[123] Assaf A. Bootstrapped scale efficiency measures of UK airports [J]. Journal of Air Transport Management，2010（16）：42-44.

[124] Boame A K. The technical efficiency of Canadian urban transit systems [J]. Transportation Research Part E，2004（40）：401-416.

[125] Bouali Guesmi，José María Gil. The impact of public R&D investments on agricultural productivity [J]. Review of Economics and Finance，2021（19）：284-291.

［126］ Coelli T J, Prasada Rao D S. Total factor productivity growth in agriculture: a malmquist index analysis of 93 countries, 1980-2000 ［J］. Working Paper, Centre for Efficiency and Productivity Analysis, 2003.

［127］ Coelli T J. A guide to DEAP version 2. 1: a data envelopment analysis (computer) program ［EB/OL］. http: //www. uq. edu. au/economics/cepa/deap. php.

［128］ Cook W D, Seiford L M. Data envelopment analysis (DEA) -Thirty years on ［J］. European Journal of Operational Research, 2009, 192 (1): 1-17.

［129］ Cullmann A, Schmidt-Ehmcke J, Zloczysti P. Innovation, R&D efficiency and the impact of the regulatory environment ——a two stage semi-parametric DEA approach ［EB/OL］. http: //hdl. handle. net/10419/29763.

［130］ Cummins J D, Weiss M A, Zi H. Economies of scope in financial services: a DEA bootstrapping analysis of the US insurance industry ［EB/OL］. http: //www. researchgate. net/publi-cation/252342682

［131］ Dalrymple D G. International agricultural research as a global public good: concepts, the CGIAR experience and policy issues ［J］. Journal of International Development, 2008 (20): 347-379.

［132］ Evenson R E. Economic impacts of agricultural research and extension ［J］. Handbook of Agricultural Economics, 2001, 1 (A): 573-628

［133］ Fuglie O K, Heisey P. W. Economic returns to public agricultural research ［EB/OL］. http: //www. ers. usda. gov/media/195594/eb10_ 1_ . pdf.

［134］ Hawdon D. Efficiency, performance and regulation of the international gas industry—a bootstrap DEA approach ［J］. Energy Policy, 2003, 31 (11): 1167-1178.

［135］ Heisey P, Wang S L, Fuglie K. Public agricultural research spending and future U. S. agricultural productivity growth: scenarios for 2010-2050 ［EB/OL］. http: //www. ers. usda. gov/ publications/eb-economic-brief/eb17. aspx.

［136］ Huffman. Do formula or competitive grant funds have greater impacts on state agricultural productivity ［J］. Amer. J. Agr. Econ, 2006, 88 (4) : 783-798.

[137] James J S, Pardey P G, Alston J M. Agricultural R&D policy: a tragedy of the international commons [EB/OL]. http://www.researchgate.net/publication/.

[138] Jintao Zhan, Xu Tian, Yanyuan Zhang, Xinglong Yang, Zhongqiong Qu, Tao Tan. The effects of agricultural R&D on Chinese agricultural productivity growth: new evidence of convergence and implications for agricultural R&D policy [J]. Canadian Journal of Agricultural Economics, 2017, 65 (3): 453-475.

[139] Johnes J. Data envelopment analysis and its application to the measurement of efficiency in higher education [J]. Economics of Education Review, 2006 (25): 273-288.

[140] Kaul I, Grunberg I, Stern M A. Global public goods: international cooperation in the 21st Century [J]. Journal of Government Information, 2000 (27): 889-929.

[141] Khanna J, Huffman W E, Sandler T. Agricultural research expenditures in the united states: a public goods perspective [J]. The Review of Economics and Statistics, 1997, 76 (2): 267-277.

[142] Krugman P. Geography and trade [EB/OL]. http://bookzz.org/book/717933/742918.

[143] Latruffe L. The use of bootstrapped Malmquist indices to reassess productivity change findings: an application to a sample of polish farms [J]. Applied Economics, 2008, 40 (16): 2055-2061.

[144] Law M T, Tonon J M, Miller G J. Earmarked: the political economy of agricultural research appropriations [J]. Review of Agricultural Economics, 2008, 30 (2): 194-213.

[145] Lee B L. Efficiency of research performance of Australian universities: a reappraisal using a bootstrap truncated regression approach [J]. Economic Analysis and Policy, 2011, 41 (3): 195-203.

[146] Maredia M K, Shankar B, Kelley T G, Stevenson J R. Impact assessment of agricultural research, institutional innovation, and technology adoption: Introduction to the special section [J]. Food Policy, 2014, 44 (2): 214-217.

［147］ Matthias S. Efficiency of hospitals in Germany: a DEA-bootstrap approach ［J］. Applied Economics, 2006, 38 (19): 2255-2263.

［148］ Nadiri M, Ishaq, Ingmar R. Estimation of the depreciation rate of physical and R&D capital in the U. S. total manufacturing sector ［J］. Economic Inquiry, 1996, 34 (1).

［149］ Nicola A D, Gitto S, Mancuso P et al. Healthcare reform in Italy: an analysis of efficiency based on nonparametric methods ［EB/OL］. (2013-04-25). http: // onlinelibrary. wiley. com/doi/10. 1002/hpm. 2183/pdf.

［150］ N M Beintema, G J Stad. Public agricultural R&D investments and capacities in developing countries recent evidence for 2000 and beyond ［EB/OL］. https: //nru. uncst. go. ug/handle/123456789/7489.

［151］ OECD Food and Agriculture Organization of the United Nations. OECD-FAO agricultural outlook 2012 ［EB/OL］. (2012-07-11) . http: //dx. doi. org/ 10. 1787/agr_outlook-2012-en.

［152］ OECD. OECD review of agricultural policies: China 2005 ［EB/OL］. (2005-11-14) . http: //www. oecd-ilibrary. org/agriculture-and-food/.

［153］ Oehmke J F, Schimmelpeenni D E. Quantifying structural change in U. S. agriculture: the case of research and productivity ［J］. Journal of Productivity Analysis, 2004, 21 (3): 297-315.

［154］ Pardey P G, Alston J M, Chan-Kang C. Public agricultural R&D over thepast half century: an emerging new world order ［J］. Agric. Econ, 2013, 44 (1): 103-113.

［155］ Pardey P G, Alston J M, Piggott R R. Agricultural R&D in the developing world ［EB/OL］. http: //books. google. com.

［156］ Simar L, Wilson P W. A general methodology for bootstrapping in non-parametric frontier models ［J］. Journal of Applied Statistics, 2000 (27): 779-802.

［157］ Simar L, Wilson P W. Sensitivity analysis of efficiency scores: how to bootstrap in nonparametric frontier models ［J］. Management Science, 1998, 44 (1):

49-61.

[158] Sparger J A, Norton G W, Heisey P W, Alwang J. Is the share of agricultural maintenance research rising in the United States [J]. Food Policy, 2013, 38 (12): 126-135.

[159] The National Academy of Sciences. Publicly funded agricultural research and the changing structure of U. S. agriculture [EB/OL]. http://www. nap. edu/openbook. php? record_ id=10211.

[160] Vollaro, M., Raggi, M., & Viaggi, D. Public R&D and European agriculture: impact on productivity and return on R&D expenditure [J]. Bio-Based and Applied Economics, 2021, 10 (1): 73-86.

[161] Wilson P W. Package FEAR [EB/OL]. (2013-07-18). http://www. clemson. edu/economics/faculty/wilson/Software/FEAR/agree-to-license. html.

[162] W T Pan, M E Zhuang, Y Y Zhou, J J Yang. Research on sustainable development and efficiency of China's e-agriculture based on a data envelopment analysis-Malmquist model [J]. Technological Forecasting and Social Change, 2021 (162): 120298.

[163] 中国教育科研网. http://www. edu. cn/.

[164] 中华人民共和国国家统计局. http://www. stats. gov. cn/.

[165] 中华人民共和国农业农村部. http://www. moa. gov. cn/.

[166] 美国农业部. http://www. usda. gov/.